亲密关系的底牌

INTIMATE
RELATIONSHIP

陈禹安 / 著

江西美术出版社
全国百佳出版单位

图书在版编目（CIP）数据

亲密关系的底牌 / 陈禹安著 . -- 南昌 : 江西美术出版社，2020.6

ISBN 978-7-5480-7422-9

Ⅰ. ①亲… Ⅱ. ①陈… Ⅲ. ①心理进化论－通俗读物 Ⅳ. ① B84-49

中国版本图书馆 CIP 数据核字（2020）第 027157 号

出 品 人：周建森
企　　划：北京江美长风文化传播有限公司
策　　划：北京兴盛乐书刊发行有限责任公司
责任编辑：楚天顺　李小勇
版式设计：阎万霞
责任印制：谭　勋

亲密关系的底牌

QINMI GUANXI DE DIPAI

编　　著：陈禹安

出　　版：江西美术出版社
地　　址：江西省南昌市子安路 66 号
网　　址：www.jxfinearts.com
电子信箱：jxms163@163.com
电　　话：010-82093808　　0791-86566274
邮　　编：330025
经　　销：全国新华书店
印　　刷：北京柯蓝博泰印务有限公司
版　　次：2020 年 6 月第 1 版
印　　次：2020 年 6 月第 1 次印刷
开　　本：880mm × 1280mm　1/32
印　　张：6.5
ISBN 978-7-5480-7422-9
定　　价：42.80 元

前言

preface

进化心理学：掀翻亲密关系的纸牌屋

自美剧《纸牌屋》在全球热播以来，“纸牌屋”（House of Cards）这个词日渐演变成一个隐喻，用来喻示权力场光鲜亮丽、冠冕堂皇的表象背后的幽暗扭曲、残忍冷酷的真相。事实上，除了权力场，还有另外一个领域也存在鲜为人知的“纸牌屋”现象。

这就是人类永远不可或缺的亲密关系领域。

自人类的情感生发以来，对于美好爱情的颂扬就没有停止过。《汉乐府》诗歌中“山无陵，江水为竭，冬雷震震，夏雨雪，天地合，乃敢与君绝”传递的忠贞热烈，不由得人心向往之；唐代诗人白居易写下的“在天愿作比翼鸟，在地愿为连理枝”，至今读来，仍然缠绵悱恻，动人心扉；匈牙利诗人裴多菲（Petofi）甚至吟诵出“生命诚可贵，爱情价更高”这样的动情名句……

爱情如此动人，但它也如此伤人。现在的怪现象是，不愿意走进亲密关系的剩男剩女越来越多，走入婚姻者的离婚率越来越高。我们不时听到有人在被爱情伤害后说：“我再也不相信爱情了！”

可见，尽管人类的科技已经发达到了不可思议的程度，但我们对于亲密关系的了解却不多。男欢女爱的背后，隐藏着太多我们不曾知晓的秘密。我们能不能掀翻亲密关系的纸牌屋，看一看亲密关系的底牌，让男人更了解女人，让女人更清楚男人，让两性能够真正地相互理解？进化心理学为这个目的提供了最好的手段与方法。

那么，进化心理学到底是什么样的一门学问呢？

进化心理学和达尔文提出的进化论密切相关。进化论是关于物种起源的一种学说，进化心理学就是把达尔文的进化论与心理学相结合而产生的一门跨界学科。在心理学的大家庭中，进化心理学是一个非常年轻的小兄弟，但是这个小兄弟却神通广大，能够解决心理学其他分支很难解释的一些问题。

用最通俗的方式来讲，进化心理学就是先把人降低到动物的层面来研究问题，然后再回到人的层面来解决问题。

这个说法可能会引发很多人的质疑。有没有搞错，怎么能把人和动物相提并论呢？人已经好不容易从动物进化为人了，怎么还能再退化到动物的层面呢？

实际上，人和各种动物在行为模式上有着惊人的相似之处，这也从反面验证了进化论的正确性。

比如，我们都知道，孔雀开屏很漂亮。去动物园玩，要是没看到孔雀开屏，就会觉得很遗憾。孔雀的这个屏，实际上就是一条色彩鲜艳、招摇过市的大尾巴。拥有这样一条累赘的尾巴，对于孔雀自身的生存是很不利的。首先，色彩鲜艳，容易引起天敌注意；其次，尾巴太大，遇到攻击，不便于逃跑。所以，这条看起来很炫的大尾巴很可能会让孔雀丢掉小命。

进化论最核心的一条法则就是“适者生存”。明明大尾巴是不利于生存的，为什么孔雀还会进化出这样的大尾巴呢？我们来看进化心理学的解释。

这一切都是“妹子”惹的祸！拥有漂亮大尾巴的都是雄孔雀，雄孔雀就是要通过展示自己艳丽的羽毛来向“妹子”表白：我是一个基因良好、身体强壮的好伴侣，请你嫁给我吧。

这个背后的道理是：如果雄孔雀的基因不好，就不可能长出艳丽的羽毛；如果身体不健康，身上有寄生虫，尾巴就会褪色；如果身体不强壮，带着这么个大尾巴，就逃不过天敌的追击。所以，雌孔雀更愿意选择长着漂亮大尾巴的雄孔雀，而漂亮大尾巴带来的种种不便和风险，就是雄孔雀求偶的代价。

这一幕和人类男性的求偶是何等地相似啊！男性当然没长尾巴，没办法通过开屏来博得妹子的欢心，但他们必须想别的办法来让妹子对自己动心。

谁都知道抽烟酗酒不利于健康，但很多男性却乐此不疲，就像脑残一样。但实际上，这不也从反面显示了自己身体强壮，基因良好，抵抗得住烟酒的伤害吗？所以，男性这样做，就是在对潜在的求偶对象释放积极信号。此外，男性为了显示自己有足够强大的经济实力，会穿昂贵的名牌服饰，戴名表，开豪车。这些炫耀行为实际上就是另一种形式的孔雀开屏。

上面的例子告诉我们，人和动物在行为模式上确实存在着本质上的一致性。同时还告诉我们，择偶是地球上所有物种事关生存的核心问题。

进化心理学对于择偶这个问题展开了大量的研究，发现了很多让人意想不到的规律。我们往往以为，男人决定追求哪个女人，女人选择和哪个男人结婚，事关终身幸福，必然是人们深思熟虑、精心衡量的结果，但其实往往是某一条进化法则像一只看不见的手，在背后偷偷地起作用。

现在的社会，在谈情说爱、求偶结婚、两性关系上存在着很多的问题。我们深陷其中，痛苦不堪，却找不到解决的方法，只能在痛苦迷茫中煎熬。所以，我们要请出达尔文老先生坐镇问诊，运用进化心理学的知识和理论，来帮大家释疑解惑，指点迷津。

本书分为女性篇、男性篇、两性篇三个版块，结合现实生活中的疑难案例，详细讲解进化心理学知识要点，希望能够帮助女人彻底读懂男人，男人真正搞懂女人，增进两性之间的相互理解，从而拥有幸福美满的情感。

目录

contents

女性篇：彻底读懂男人

男性篇：帮你了解女人

两性篇：解决沟通问题

「女性篇」

Female

彻底读懂男人

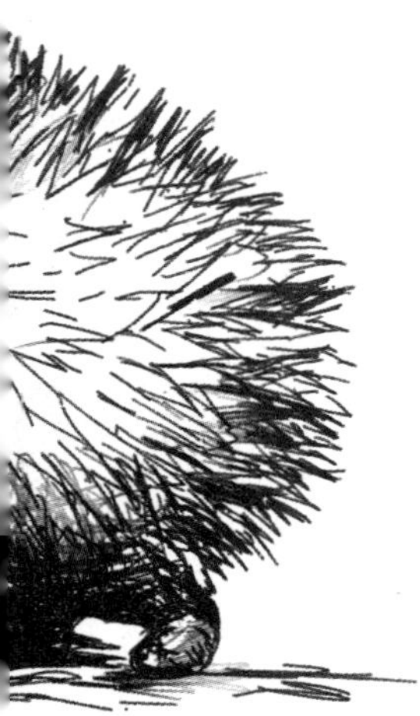

01　健康美貌等式：谁说男人看的只是脸

女人最担心男人什么？当然是花心了！

俗语说：“十个男人九个坏，还有一个正在变坏。”这个“坏”，实际上指的就是花心，说得再直白一点，也别让花心背黑锅了，就是好色。好色似乎是男人的本性，就连两千多年前的圣人孔子都感叹说：“吾未见好德如好色者也。”

孔子周游列国，阅人无数，是咨询行业的祖师爷，什么人没见过，但他却说从来没有见到过一个爱好美德像爱好美色一样的人。孔子喜欢用二元对立法把人分成君子和小人，但这种分法却是一刀切，打倒一片。不论是君子还是小人，全是好色之徒。孔子因为经常见王公贵族，而男人有钱有权就变坏，所以他的这个感受还特别深。在《论语》里，他说过很多句话，但很少重复说同一句话。而这句话他却一连说了两遍，可见这个问题确实是一个普遍现象（分别见《论语·子罕篇》和《论语·卫灵公篇》）。

女人对男人好色的担心，可以分为两种。

第一种：女人担心，这个男人口口声声说喜欢我、爱我，是不是只是看中我的长相？如果只是我的容貌吸引了他，那么碰到颜值比我高的美女，他是不是就会动心，移情别恋呢？或者，有一天，我人老珠黄了，他是不是就会扔下我，去找更年轻漂亮的女人了？如果男人真是这副臭德性，我该怎么办呢？

首先得告诉女人们一个坏消息：不好意思，孔老夫子说的还真是对的，男人就是这样好色，不要对他抱太大的幻想。但是，女人也用不着伤心失望。《孙子兵法》说：“知己知彼，百战不殆。”如果你学会了进化心理学，真正了解了男性心理，也许男人好色这事儿对你来说就不再是问题了。

事实上，在进化心理学里，存在着一个“健康美貌等式”。

达尔文告诉我们，人是经过千百万年从动物进化而来的。进化给人类安装了一个操作系统，这其中有一条最基本的代码，叫作要确保基因的传承。那么，怎样做才能把基因传承下去呢？首先，得让自己活着，确保自身的生存。然后，就是通过两性交配，生儿育女，让孩子成为新一代的基因载体。

搞明白了这个大前提，我们就能解释清楚男人为什么好色了。

人类的男性老祖宗好色，其实并不像我们现在所认为的那样猥琐、龌龊，而是人类为了把基因传下去的最好办法。研究表明，越是好色的男人，越有可能拥有健康状况良好的后代，他的基因得以遗传下去的概率就越大。也就是说，男人好色最初的目的并不是为了满足自己的淫邪欲望，而是为了更好地繁衍后代。这是因为：一个女人的“色”，也就是容貌，在人类刚刚进化出来的时候直接等同于生育能力。

在原初时代，人类刚刚脱离了动物层面，“爱情”这种神圣的情感还没有进化出来，男人找女人，就是为了生育，就是把女人当成了生育机器。当然，如果到了现代社会，男人还抱有这种原始的想法，那就是不可原谅的，直接一脚把他踢回原始社会吧。

我们知道，一个女人能否生育，和她的健康状况直接相关。但是，在远古时代，没有医院、诊所，更没有现代各种先进的检查仪器，一个男人想要找一个健康的女人结婚，难度可不小。他该怎么办呢?

答案是：没有办法。

男人们只能撞大运，随机选择，听由命运的安排，这就是达尔文说的自然选择。自然选择就像是一个冷酷无情的质量检查员，凡是不合格的残缺品，绝不放过，统统淘汰毁灭。这样一来，那些不幸选择了健康程度不足以生儿育女的女性的男人可就悲摧了，他们绝后了。等到他们死了，他们的基因也就失传了。从此，这个世界上再也没有他们的影踪。而那些中了彩票的幸运儿其实只是无意中选对了人，他们并不知道自己到底做对了什么。但是，自然选择让他们成了幸存者，他们的基因就通过后代传下来。

经过千百万年一轮一轮的自然选择，现在地球上活着的人，都是那些当初选对了配偶的老祖宗的后代。那么，那些幸运的老祖宗到底选对了什么呢?

现代的生物学家、遗传学家、心理学家做了大量研究，终于发现了其中的奥秘。这个奥秘就是，对于女人来说，健康和美貌之间完全可以划上一个等号。健康等于美貌，美貌等于健康。

女性的美貌标准其实在全世界是基本一致的。比如，从颜值来看，脸部左右对称，嘴唇丰满，下颌较短不突出的女性就是美的。这些美丽指标的背后就是健康的生理指标，表明女性体内的雌性激素高于平均水平。

我们赞美一个女性体形好，常常会说魔鬼身材。魔鬼身材其实是可以用数据来说话的。女性三围中的腰围和臀围的比值，在进化心理学中被称为腰臀比。腰臀比在0.7左右的黄金分割比的女性身材，就是男人们最热衷的魔鬼身材。有人特意做过统计，美国《花花公子》的封面女郎，个个是精挑细选的大美女，她们的腰臀比就在0.7左右。

这个美丽的指标，同时也是健康的指标。生理学研究表明，腰臀比大于或小于0.7的女性，她的生育能力会下降。有研究表明，如果腰臀比每增加10%，受孕的可能性就下降30%。还有一个研究表明，腰臀比在0.7左右的女性，体内的脂肪分布比较合理，不太会得糖尿病、高血压、心脏病、中风、胆囊炎等这些疾病，健康状况良好。所以，在远古时期，一个美貌的女性基本可以等同于一个健康的，有着较强生育能力的女性。

在自然选择的作用下，那些无意中选对了伴侣的男性的后代就一代一代繁衍下来了，这个选择标准也就在基因筛选中被保留了下来。今天活着的男性，都是那些选对伴侣的老祖宗的后代。所以，在基因上，他们就是好色的，尽管老祖宗的初衷并不是好色，而是为了选择健康状况良好、生育能力强的女性。从这个角度来讲，男人好色，应该恕其无罪，这是因为他的操作系统中本来就带了这条原代码。

如果男人对某个女人的美貌动心，那是他本能地看中了她的良好基因。当然，这个男人能够好色，也间接验证了他的基因是很优秀的。如果他不好色，他的老祖宗不好色，他都没办法活下来和他心仪的女人见面。所以，对于男人的好色，还是请女人们多多包涵吧，这都是进化惹的祸。

第二种：现在高颜值的女性越来越多，但总有一部分女性颜值不高，她们中就有人会担心自己不能引起优秀男性的关注。怎么办呢？有人支招说，这很简单，只要去一趟韩国，花点钱，动几刀就解决了。

这招对男人确实管用。我亲眼见过一个做过美容手术的女孩，一下子从丑小鸭变成了白天鹅，追求者多了很多。不过，后来生了孩子，就全暴露了，因为孩子丑丑的样子和妈妈小时候一模一样。有一个笑话说，有个妹子，为了使自己的颜值变高，竟然在脸上动了一千多刀，最后人家送给她一个外号——“挨千刀的”。

其实，要让男人对自己动心，也用不着动刀动枪的。男人喜欢女人，也可以分成两类。

一类是一见钟情，这绝大多数是好色基因所起的作用，属于感官刺激，激情驱动。还有一类是日久生情。心理学家们做过研究，人类喜欢和自己有相似之处的人在一起，这个相似之处包括很多，爱好、特长等都可以成为情感纽带。最重要的是，价值观和信念上的相似，这可以让两个人拥有并享受一段长期关系。所谓的日久生情，往往是在思想上有了共鸣，这就能跨越颜值的限制。所以，颜值不那么高的妹子不用担心，只要想办法秀出你独特的内在特质，就一定能找到称心如意的Mr. Right。

02　胸围效应：年轻就是诱惑

两性世界是非常奇妙的。男人们有一种特殊癖好，是女人们非常反感的。但是，女人们却又在不知不觉中迎合这种癖好，以至于让全世界的GDP都提高了几个百分点。

男人们这种特殊的癖好是什么呢？

在“知乎”上有这样一个专题讨论：男人为什么喜欢胸大的女人？我查看了一下回答，几乎没有答到点子上的，有的回答甚至乌七八糟，特别有必要用空气净化器去净化一下回答者的思想和灵魂。

实际上，这个问题和我们前面剖析过的男人为什么花心一样，并不像表面听上去那样龌龊。我们已经知道了，人类的老祖宗千方百计地想要把自己的基因遗传下去，这就要求他们必须找到生育能力良好的女性才行。

那么，什么样的女性生育能力良好呢？

首先，当然是要身体健康的女人。这一点，我们已经在上一节中说过了。但是，仅仅健康还是不够的，因为女性进入绝经期后，尽管她还很健康，却已经没有生育能力了。所以，还得满足一个条件：年轻。也许有人会说，一个女人是不是年轻，你看一眼不就知道了吗？这和女人胸大还是胸小有半毛钱的关系吗？

要知道，在原始社会，每个人都披头散发，毛茸茸的，光看外表，是很难判断年龄的。那个时候，没有日历，也没有身份证、户口本，你就算有穿越的本领，去找警察叔叔来帮忙查户口，也查不出一个人的真实年龄。

那怎么办呢？这就和胸大胸小有密切关系了。

随着年龄的增长，女性的胸部往往会下垂。胸大的，下垂程度就更明显，更容易看出来。所以，胸的大小和坚挺程度，其实是男性老祖宗判断女性是否年轻的一个重要标准。那些无意中掌握了这一个标准的男性老祖宗，基因就通过一代一代的后代传到了现在。这些后代们，几乎个个都喜欢胸大的女人，只是他们已经不知道自己为什么会有这样的癖好了。所以，男人之所以喜欢胸大的女人，是因为基因告诉他要选择年轻的伴侣，才更能生儿育女，繁衍后代。

当然，男性老祖宗判断女性老祖宗是否年轻，还有其他的一些辅助标准，比如皮肤是否光洁，头发是否有光泽，等等。但是，胸部的大小是其中最重要的标准。

说到头发，西方的白种人和我们东方的黄种人有点不一样。

白种人头发的颜色大多不是黑色的，这就导致了西方男人的特殊癖好和东方男人也有所不同。在西方国家，男人们除了喜欢胸大的女人，还特别喜欢金发的女人。归根到底，还是基因惹的祸，男人们想要找到生育能力良好的年轻伴侣。

那么，金发和年龄之间又有什么关系呢？为什么金发会成为年轻的象征呢？

金发不像黑发，可以一辈子不变色。金发的色泽会随着年龄的增长发生变化。一般来说，15岁左右的女孩子的金发颜色浅浅的，特别纯正，然后就会慢慢变深，到了35岁左右大多变成了棕色。所以，根据头发的颜色就可以大致判断年龄了。

总之，无论是喜欢大胸，还是喜欢金发，男人们实质上就是喜欢年轻，他们无法抵挡年轻的诱惑。这是女人必须了解的男性择偶心理的第二个重大秘密。

心理学家曾经在全世界范围内做过调查，大多数男人都比自己的妻子大两三岁，这就是一个活生生的证据，而且还发现了一个特别的规律，女人们可以重点关注一下。

二十几岁结婚的男人，一般娶比自己小1～2岁的女人；三十几岁结婚的男人，往往娶比自己年轻3～4岁的女人，而四十几岁才结婚的男人就会娶比自己小13～14岁的女人。也就是说，男人年龄越大，越是要娶比自己年轻得多的女人。显然，了解了男人出于传承基因的本能驱动，你就不会一味责怪男人越老越不正经了。

然而，搞明白男人的这个进化秘密之后，有些女人释然了，有些女人却开始担忧了。担忧的人中有一部分是所谓的太平公主，她们的心胸倒是很大，但胸却太小了。如果男人都喜欢胸大的女人，自己是不是就会变成剩女？

其实，公主们压根儿就用不着担心，这个标准发展出来的时候，人类还处于蒙昧时代，男性老祖宗实在是没有别的方法。可现在不一样了，男人不是想找年轻的吗，一张身份证就能说明问题，和胸大胸小真的没半毛钱关系了。况且，现在的女人，几乎个个都擅长保养，穿衣打扮也非常时尚，看上去个个都年轻着呢！

公主们的烦恼解决了，御姐们的问题又来了：我现在正在姐弟恋，我的男朋友比我小，如果男人们本性上喜欢年轻伴侣，那么，我们的关系是不是不能长久？我该怎么办呢？

答案还是用不着担心。

我们要回到本质上去看问题。男人喜欢找年轻的伴侣，本质上是要找生育能力良好的伴侣。在原始社会，人类的平均寿命不长，营养跟不上，现代医学还没有发展出来，一个35岁的女性几乎已经不太可能再生育了。但是，现代社会就完全不一样了，无论是生存环境，还是营养条件，都要比原始社会好出一万倍还不止。更重要的是，随着现代医学技术的发展， 女人在30多岁生孩子，一点问题也没有。

据报道，不久前，在医生的帮助下，一名61岁的女性生下了她的第二个孩子，而孩子的爸爸已经65岁了，这可以说是创下了一个最高生育年龄的记录。61岁的女人都可以平平安安生下健康的孩子，你还有什么好担心的呢？

可见，进化论和自然选择在科技发展的威力下，某种程度上已经大大失效了。正如我们一直强调的，进化心理学帮助我们降低到动物的层面来思考问题，但我们已经进入了文明社会、科技社会，最终还要回到人类的层面来解决问题。

所以说，如果姐弟恋走不下去，很可能不是年龄问题造成的。

当然，进化总是同时对男女两性产生作用。进化让男人喜欢年轻的女人，同时让女人想尽办法让自己保持年轻，或者看上去年轻。化妆、染发、整容，这些是女人们的惯常招数，男人们往往对此很不理解，实际上也是基因使然。

我们看到现在大街上很多把头发染成金色的女孩，以为这是近些年出现的一种新的时尚潮流，但如果戴上进化心理学的眼镜一看，就会发现流行与时尚的背后隐藏着一双基因的手，这双手在暗中操控。

早在几千年前的古罗马，就已经有把头发染成金色的习俗了，这个习俗其实是一个历史之谜。古罗马人的头发是黑色的。在罗马帝国的北方，是被他们称作蛮族的日耳曼人和凯尔特人，这两类人种中金发的比例很高。历史学家一直搞不懂，日耳曼人和凯尔特人在罗马人的心目中是野蛮的、低劣的民族，为什么罗马的贵妇人还要把自己的黑头发染成和日耳曼人一样的金色呢？

甚至还有的贵妇人把俘获的日耳曼女仆的头发剪下来，做成自己的假发套。

历史学家解不开的谜，进化心理学家轻松地就解开了。原因就是，金发是年轻的标志。当然，这里面还有一个很重要的因素，根据现在的基因检测，罗马人和凯尔特人的基因是源自同一祖先的，大家的基因里都有一条“金发等于年轻”的底层代码。

然而，中国男人对女人是否染金发就没有太大的感觉。很多女孩子染发回来问老公或者男朋友，结果对方没什么特别的反应，女孩子就很生气，说你都不关注我。但中国男人实在是冤枉的，因为他们和西方男人不一样，基因里缺少这条“金发等于年轻”的底层代码。

年轻更能吸引男人。试问哪一个女人不希望自己永葆年轻呢？这也是大多数女人每天把大量时间、大把金钱花在化妆美容上的真正原因。

男人喜欢年轻女性确实不假，但是我觉得，对女人来说，年轻与否，不全在年龄，更重要的是在心态。保持年轻的心态，参加各种充满活力的运动，保持积极乐观的态度，就是最有魅力的女人，就足以让男人为你倾倒。

03　父权不确定性：你可能冤枉了男人的处女情结

现在要是有个男人敢站出来公开说，我有处女情结，我必须找一个处女当老婆，很多人会敬他是一条汉子，一条不识时务的汉子。当然，我们也不要忘了提醒他，恐怕他的下场连过街老鼠都不如，肯定要遭劈头盖脸的全网臭骂：都什么年代了，思想还那么封建。

尽管如此，还是要给男人们说一句公道话，处女情结并不是中国男人的特产。有一位心理学家在全球37个国家做过调查，发现处女情结是一种普遍性的存在。全世界范围内的男性全都比女性更加重视配偶的贞洁程度，这当然是相对而言的，并不是说女性就不重视配偶的贞洁。话又说回来，现在人们的性观念比以前开明多了。有一部分男人已经改变思想，放弃了处女情结。还有一部分男人转为地下工作者，偷偷地在心里继续坚持立场。

女人们往往很好奇，为什么这帮男人要坚持处女情结呢？是不是几千年来的男权社会把他们惯坏了？

事实上，这还真不是男人们太傲娇，而是男人的一个巨大悲哀，是男人最脆弱的一个内心隐秘。为什么这样说呢？让我们先下降到动物的层面来思考问题。

人类属于灵长类动物，这类动物在母亲体内受精形成。这就会出现一种状况，当一个孩子出生的时候，他的母亲是谁毫无疑义，但是，父亲到底是谁，却很难说。这种现象，在进化心理学中有一个专门的术语，叫作“父权不确定性”。

这个问题在老祖宗们群居群婚的时候，不算什么问题，反正整个部落都是生活在一起的，每个孩子都是一样的，也就没必要区分开来了。后来到了母系社会，也不算什么问题，因为母系社会是女人说了算，“只知其母，不知其父”是一种普遍现象。在我国云南西川交界处的泸沽湖生活着的摩梭人，现在还处于母系社会，实行走婚制，而且是男人到女人家里走婚。

但是，人类从母系社会进入父系社会后，情况就完全不同了。女人嫁到男人家中，在怀孕生育期间不能劳动，需要男人经济上的帮助。而且要把弱小的孩子抚养成人，也需要作为父亲的男人提供各种资源。

在人类初兴的远古时期，条件艰苦，资源匮乏，一个男人要养活自己就已经很不容易了，再要养活老婆孩子就更不容易了。所以，当了父亲的男人，在每一个孩子出生的时候，既兴奋又担心，他的第一个问题就是：“是亲生的吗？”他必须想尽一切办法确保把来之不易的各种资源投入到自己的亲生骨肉身上，以便让自己的基因传承下去。否则，就成了十足的冤大头，等于是帮别的男人养儿育女了。这样的亏本生意，再傻的男人也不干。可是，要证明孩子是自己亲生的，并不容易。远古时代，到哪去验DNA呢?

而且，人类的女性在进化中偏偏又给男人的这个难题增加了好几倍的难度系数。一般灵长类中的雌性，会有一个明显的发情期，也就是卵巢排卵的时候。雌性猩猩、黑猩猩的发情期有明显的外部特征，生殖器部位颜色变红，并散发出气味，以吸引雄性猩猩。雄性猩猩只要确保整个发情期期间不让别的雄性猩猩入侵，就可以放心地等着亲生骨肉的降生了。但是，人类女性的排卵期却是非常隐秘的，有时候，女人要是粗心一点，就连她自己都不知道，男人就更不知道了。这样一来，男人就难以确定女人生出来的孩子到底是不是自己的了。

万般无奈的男人们被迫进化出了“处女情结”。因为，只有确保结婚前的女人是处女这个最重要的前提条件，男人才有可能确认自己是未来孩子的亲生父亲。为了让女人在婚前保持贞洁，男人们可真是绞尽脑汁。比如，在中国古代，有一种方法，叫作“守宫砂”，就是在少女手臂上点上用壁虎加朱砂配制的一个标志，少女跟男人发生性关系后，这颗守宫砂就会消失。这可并不是武侠小说里的意淫，而是正儿八经记载在一本叫作《博物志》的古籍中的。

然而，婚前措施还只是第一步，结婚后，男人们依然丝毫不敢大意。他们思来想去，又整出一招更绝的。世界各地都有一个结婚度蜜月的习俗。大家一听到“蜜月”两个字，都会觉得很浪漫，但真相却一点也不浪漫，这其实是男人们的一个“阴谋”。你想，蜜月为什么是蜜月，而不是更短的蜜周，或者是更长的蜜年呢？为什么蜜月和女性月经周期的长度完全一致呢？这绝不是一个偶然的重合。

真相就是：蜜月的时间完全取决于女性生理周期的长短。众所周知，女性的月经周期虽然有个体差异，但一般平均为28天左右，大致是一个月的时间。女性的每一个完整生理周期，包括排卵期和月经期。排卵期是女性最容易受孕的时间段，男人的小九九就是要在这个完整的生理周期中，与自己的新婚妻子寸步不离，这样就能保证在这个周期中怀上的孩子是自己的骨肉。所以，如果女性的生理周期是一周，那么，蜜月就会变成蜜周；如果女性的生理周期是一年，那么，蜜月就会变成蜜年。

说来道去，这个“父权不确定性”可真把男人们折腾得够呛。这还不算完，蜜月过后，男人们还是不敢放松警惕。于是，各种各样的招数又出来了，甚至有一些极其荒谬的招数。

比如，中世纪的威尼斯商人发明了贞操锁。商人们要经常出门做生意，但又担心自己不在家的时候妻子可能红杏出墙，于是就发明了贞操锁，锁在妻子的腰腿之间，然后自己带着钥匙出门。男人们倒是放心了，却给女人带来了无尽的不便与苦恼。在现代人看来，这样的做法实在是太过分，也太可笑了。但对于当时的社会来说，却是理所当然的事情。

说到这里，大家应该明白了，男人们的处女情结，其实是他们为了确定父权而进化出来的一种防御机制。仅从这一点来说，倒也是可以理解的。甚至我们对男人这种担惊受怕，煞费苦心的进化成果还会抱有一点同情。

但是，当这样的基因通过进化传递下来，男人们却不知不觉在处女情结上愈演愈烈。

有一则新闻报道说，有一个女人和丈夫结婚已经20年了，但因为结婚时已不是处女，导致丈夫对此一直耿耿于怀，两口子经常为这件事吵架。这名女子为了表示弥补，竟然诱骗来一名13岁的小女孩，帮助丈夫将这个小女孩强奸。最终当然是触犯了刑法，夫妻双双被判刑入狱。

在这个案例中，这对愚昧的夫妻显然是停留在动物层面上来解决问题的。而我们一直强调说，进化心理学可以帮助我们在动物层面上来理解问题，思考问题，但作为已经步入文明社会的现代人，我们必须回到人类的层面上来解决问题，而不是头脑简单得像爬行动物那样，完全受处女情结的驱使，做出一些傻事，甚至是坏事。

在漫长的历史进程中，女性因为一直没能取得完全独立的社会经济地位，往往要依附男人才能生存。在这样的社会情境下，男人的处女情结自然越来越严重。但是现在，很多女性已经取得了经济独立，有些甚至比男人还要优秀。男人们再开口闭口说处女情结，就有些不合时宜了。但是，女人们要了解，处女情结是进化给男人编制的一条基因代码，是很难完全消除的。况且，男人表面上的强势，折射出的却是内心的无奈与悲哀。在现代文明的框架中，两性还是需要相互之间更多的理解和包容。

04　最小投入法则：男人在追求女人时是最精明的经济学家

在上一节中，我们揭开了男人们处女情结的真相。但是问题又来了，有的女人会问："既然男人放不下处女情结，为什么每次谈恋爱又会提出婚前性关系的要求？"这真是一个非常好的问题，男人是不是在贼喊捉贼啊？

其实，这和男性的原始冲动有关。要回答这个问题，还是要先回到我们前面讲过的：进化赋予人类的操作系统。如果大家记性不错的话，应该还能记得：人类存在的目的就是为了让自己的基因传承下去，具体的做法就是确保自身的生存并繁殖更多的后代。

对女人来说，不但要为生育孩子付出"十月怀胎"的代价，而且要花很长的时间来养育孩子。如果选择的男人不靠谱，在这个漫长的时间内，女人就没法保证自己的生存，以及生下来的孩子的安全成长。而对男人来说，选择更多不同的女人，和她们发生性关系，让她们为自己生儿育女是最优的策略。这样做，可以让男人拥有更多的后代。

可是，男人再潇洒，他的资源也是有限的。为了把有限的资源发挥最大的效用，他当然倾向于在每个女人身上投入最少的资源。从这个角度来说，男人在选择女人时绝对是最精明的经济学家。这几乎可以说是男性，或者说是雄性的一种很精明的生存本能。别说男人了，就是低等的雄性动物，也都精明得不得了。有一种叫作蝎蛉的昆虫，在交配时的做法，简直会让我们笑掉大牙。雄性蝎蛉在找雌性蝎蛉交配时，都会带上一份礼物，一般是死掉的昆虫（可以作为食物），否则雌性蝎蛉是不会接纳它的。

有意思的是，当雌性蝎蛉开始品尝这份结婚礼物的时候，雄性蝎蛉马上和她交配，但与此同时，雄性蝎蛉始终牢牢抓住这件礼物不放。因为，它要防备它的新娘在交配还没完成时就带着礼物跑了。更让人惊讶的是，雄性蝎蛉需要确保20分钟的交配时间，才能将它的精子全部排入雌性的体内。雄性蝎蛉竟然进化出了像保险公司精算师一样的计算能力，它可以精准选择让雌性蝎蛉需要花20分钟进食并消化的礼物。因为，如果礼物太小，不到20分钟就吃完而且消化了，交配就会半途而废。如果礼物太大，交配完成后还没有吃完，两个刚刚你侬我侬的伴侣，就要为剩下的礼物打架，那实在是太煞风景了。所以，雄性蝎蛉会带着刚刚够雌性蝎蛉消化20分钟的结婚礼物。

蝎蛉虽然是很低等的动物，但这样的做法，你说，是不是连最精明的经济学家都比不上？

这个事例听起来很好笑，实际上却是一个很严肃的问题。它告诉我们，男人始终是以最小投入法则来考虑择偶问题的。择偶这件事，是分成两类的。一类是短期择偶，一类是长期择偶。怎么区别呢？莎士比亚的名剧《罗密欧与朱丽叶》中有一句台词，说："一切不以结婚为目的恋爱都是不合理的。"这句话后来被改成了更加直白的"一切不以结婚为目的的谈恋爱都是耍流氓"。用这句话当标准，就能很好地区分短期择偶和长期择偶。长期择偶就是以结婚为目的的谈恋爱，而短期择偶就像是耍流氓了。根据最小投入法则，如果没有任何限制的话，男人显然更倾向于"耍流氓"（短期择偶）。

美国有两位心理学家在20世纪80年代做过一个实验。实验人员来到各个大学校园到处转悠，随机寻找异性大学生们搭讪。男的实验人员找女大学生，女的实验人员找男大学生，说："嗨，帅哥（嗨，美女），我注意你好久了，我发现你特迷人，你愿意今晚和我一起滚床单吗？"这个实验听上去有点荒诞不经，却真的是正儿八经的科研活动。

这个实验的目的就是想了解，男女两性对待"与陌生人做爱"的态度。结果，正在接受良好教育的帅哥们大部分中招了，高达75%的男大学生欣然接受了这送上门来的艳遇；而美女们个个都很矜持，女大学生们没有一个接受这个赤裸裸的邀约。

这两位心理学家是主攻社会心理学的，这一次实验中，男性和女性的态度差异之大让他们感到震惊。但如果我们懂一点进化心理学，就会觉得这样的差异是非常正常的。

根据进化设计的机制，男性就是要以最小的投入来征服女人。如果能够白白获得一次上床的机会，绝大多数的男人是不会放过的。

这个实验后来在别的国家也做过，结果大同小异。即便在以浪漫著称的法国，也只有3%的女人愿意接受这种不请自来的艳遇。而在绝大多数国家，女人们都是坚定地拒绝。唯有男人，不论国别地域，大多数都不想放过这个机会。当然，最后当实验者们宣布这仅仅是一个实验时，尴尬的男人们心里弥漫的更多的是失望。

男人们之所以经受不起诱惑，还有另外一个原因。

人类社会最初并没有一夫一妻制的婚姻制度。最初是群婚制度，部落里的一群男人和一群女人互为夫妻。所以，那个时候，男人们就已经习惯了短期择偶的方式。女人们没有意见，因为当时是母系社会，权力和资源都掌握在女人手中。男人们所有的产出，都归女人分配，女人根本不用为生存担忧，也就谈不上男人的投入大小的问题了。后来，进入父系社会，男人开始掌权，一夫一妻或一夫多妻的婚姻制度就慢慢出现了。男人在婚姻中能够投入多少就成为事关生存的大问题了。但总的来说，男人还是更倾向于短期择偶，而不是长期择偶。

说到这里，我们就可以回答一开始提出的问题了。男人们放不下处女情结，是由父权不确定造成的。他们担心自己会被其他男人占便宜，不想让自己好不容易积累的资源用于帮别的男人抚养后代。他们之所以想要发生婚前性关系，就是想尽快搞定眼前的这个女人，这样就可以投入更少的资源在这个女人身上。只要有可能，男人是绝不会浪费资源的，除非女人一定要让他破费！

当然，从现代的社会环境来说，这并不代表男人在和女人滚完床单后，就一定会移情别恋。但是，男人的性选择偏好在远古时期就已经被设定好了最小投入法则。女人们必须提高警惕，这种可能性或者风险依然是存在的。

在现实生活中，有一些女人担心会失去眼前的这个男人，尽管心里并不情愿，但还是会答应男人的婚前性关系要求。男人们在得手之后，往往就不再珍惜这段关系了。这样的情感悲剧时不时在我们身边发生。

所以，我们要特别说明一下。

在漫长的进化过程中，男人的投入曾经是女人及其子女能否生存的最重要的衡量标准，甚至可以说是唯一标准。但是，在现代社会，男人的投入对于女人生存的重要性已经大大降低了。一方面，女性更加独立，拥有了很多自己创造的资源，可以不那么依赖男性了。另一方面，社会也从制度上加大了对女性的保护力度，可以在女性需要的时候提供帮助。

这些都让女人拥有更大的余地来面对男人的最小投入法则。

对女人来说，更加明智的做法就是，想办法测试一下男人到底会在你身上投入多少。

虽然我们常说人性是经不住测试的，不建议随便去测试自己的伴侣，但关键在于测试的方法。最好的测试应该是对交往细节保持觉察，不要放过一些重要的蛛丝马迹。比如，自称经济条件好的男人是否在物质上比较慷慨？能否给予你物质之外的时间与温情的付出？经济条件一般的男人能否在他能力范围内给你最好的物质付出？

男人总是想以最小的投入赢得女人。更加注重营建长期婚姻关系的女人们，必须对男人的投入意愿度保持觉察。

05　最大概率法则：男人为什么总是自作多情

我们已经知道，男人在选择女人时是最精明的精算师，绝不肯多付出一点资源，总是想在最短的时间内搞定女人，这是男人的一个重大秘密。与之匹配的，还有男人的另一个秘密：最大概率法则。

通俗地说，最大概率法则就是：男人宁可被女人拒绝一千次，也不想错过一次。只要有一丁点儿的可能性，男人就会主动向女人示爱，以争取交配的机会。男人这么做，是为了能够尽可能多地和不同的女人交往，让自己的基因得到最大化地繁殖传承。

一首流行歌曲里这样唱道："只是因为在人群中多看了你一眼，再也没能忘掉你容颜。"听起来似乎很浪漫，很多女人被这首歌打动了，从此念念不忘。但其实，这句歌词真实揭示了男人总是自作多情的本性。

很多人可能没注意到，在我国古典小说名著《红楼梦》里，有一个非常有意思的桥段。落魄书生贾雨村到乡绅甄士隐家中做客。甄府上有个叫娇杏的小丫鬟，看贾雨村长得器宇不凡，穿着却很寒酸，想起主人曾经说过贾雨村必有出头之日，不由回头多看了他一眼。娇杏小丫头这一眼，无非是好奇心作怪，想仔细看看，搞清楚主人为什么会高看这个落魄书生。但是，贾雨村注意到娇杏的动作后，立即认为这个小丫头对自己有意思，是看上自己了。事实上，贾雨村当时穷困潦倒，身无分文，养活自己都很困难，就连进京赶考的盘缠都没有，哪里有吸引少女垂青的资本呢?

贾雨村这是典型的自作多情。但是，不得不说，对于性的渴望，是雄性最大的驱动力。贾雨村产生了这个爱情错觉后，起了奋发图强的雄心，通过甄士隐资助，进京赶考，高中进士，后来当了县太爷，真就把娇杏娶回了家。

这不是有情人终成眷属，而是多情人终成眷属。为什么明明落花无意，流水却一厢情愿自作多情呢？这就是进化赋予男人的性策略代码，他们宁愿承受自作多情被拒绝的尴尬，也不想承担主动放弃、错失良机的遗憾。

贾雨村的故事毕竟发生在小说中，在现实中，还有一个更有意思的案例。

美国有一家很大的连锁超市，叫作Safeway。有一年，公司决定要对顾客开展微笑服务，要求超市里所有的员工都要面带微笑和顾客进行眼神交流。但是，这项活动开展没多久就出大事了。

原来，当超市的女员工凝视着男顾客的眼睛，发出真诚微笑的时候，男顾客们瞬间就被这糖衣炮弹击中，失去了抵抗能力。而且，他们的第一感觉就是超市的这个妹子对我有意思。紧随而来的就是各种各样的主动搭讪，也不管是上班时间，还是下班时间。在美国，这样的举动就属于性骚扰了。超市里有五个妹子不堪其扰，竟然把超市告上了法庭，说超市要求员工开展微笑服务是一种性别歧视。

这听起来有点奇怪，明明是男顾客在骚扰，和超市搞性别歧视简直是八竿子打不着啊。可是问题确实就出在不同性别的员工和顾客的匹配上。男员工对女顾客开展微笑服务，没事。女员工对女顾客开展微笑服务，也没事。唯独女员工对男顾客开展微笑服务，在最大概率法则的驱动下，男顾客就开始想入非非，使劲骚扰，唯恐错过追求女员工的大好良机。

最后，Safeway超市不得不叫停了这项用心良好的活动。

从进化心理学的角度来看，男人的多情，其实是多性。他们的目的很明确，就是要最大化地拥有更多的性伴侣，生育更多的后代。

心理学家曾经在美国做过一个调查，分别询问男性和女性，在接下来的一年中，希望自己能够拥有几个性伴侣。男人的答案是6个以上，而女人的答案是1个。当把时间跨度拉长到3年后，男人的答案是10个以上，而女性仅仅希望是2个。再把时间跨度拉长到整个一生，男人的答案是平均18个，而女性是4～5个。

你觉得男人一生想要拥有18朵金花比较吓人吧！可是，你要知道，这仅仅是一个平均数字！还有些男人借助一些特别的因素，拥有在数量上让你无法想象的女人！比如，美国NBA的球星魔术师约翰逊借助自己的知名度，和很多女人有过性关系。他吹嘘说曾经征服过2500个女人，但是私生活混乱并没有给约翰逊带来好下场——他被查出得了艾滋病。

在远古时期，男人之所以想要那么多女人，不过是为了生更多的孩子。人类历史上有确切记载的生育之王是摩洛哥谢里夫王朝的末代帝王——伊斯梅尔王。他的后宫里有数不清的妃嫔，这些妃嫔至少为他生下了700个儿子和342个女儿，加起来1000多个子女，都可以自成一个部落了，而且还有一部分子女因为种种原因没有被记录在册。

民国时期有个军阀，号称“三不知将军”，不知道自己的兵有多少、枪有多少、姨太太有多少。这样的将军，子女肯定也少不了。但是，他可能连自己的孩子都认不全。盲目追求子女的数量，而不在养育质量上下功夫，生再多的孩子，也不会有太大的出息。这其实也是进化的制衡作用。物极必反，一个滥情无度到不对孩子负责的男人，也许并不能确保自己的基因传承。

当然，到了近现代，男人们已经不再像老祖宗那样疯狂追求多子多孙了，因为多子多孙是需要极大的财富实力的。但是，男人们对于更多性伴侣的需求依然符合最原始的性冲动。而且，得益于避孕套和其他避孕技术的出现，男人们的寻欢作乐就更加没有后顾之忧了。

这是基于动物层面的分析，但人终究是要回归到人的层面来面对婚姻、家庭的种种社会问题。大多数男人按照社会文明的基本要求，有效控制住了自己的原始欲望，但还是有一些男人，肆无忌惮地通过各种欺诈手段，诱骗更多的女人成为他们的牺牲品。

我们时不时地在新闻媒体上看到，有的男人把自己包装成成功人士，利用互联网，到处骗财骗色，而且屡屡得手。我们不得不提醒女人们，知道了男人在寻求性伴侣上的最大概率法则后，一定要擦亮眼睛，保持警惕，不要给心怀不轨的男人以可乘之机。

男人喜欢自作多情，自然会主动骚扰女性。性骚扰事件一多，有的女性朋友就打出了“我可以骚，你不能扰”的旗号。从法律和道德层面来讲，这个说法是站得住脚的。但是，如果你学了进化心理学，明白了男人本性里的性策略代码，就明白为什么会发生这种事了。

女人无意识释放的一些表示友好的信号，都有可能被男人百倍放大，而他们又是宁可惨遭拒绝，也不想错过机会的，他们一定会来一扰再扰的。为了自身的清静与安全，女同胞们还是要谨慎为妙，不要大张旗鼓、旁若无人地招惹那些自控力很差的男人。

有的人会因此联想到直男癌理论之一——女性穿着暴露，才引发男性犯罪。回归到动物的本性来思考问题，女性穿着暴露确实会引发男人的动物性冲动，但几千年的进化已经让我们成为人类，自控就是人类的必修课。所以，进化心理学并不能成为直男癌的理论依据，也不应该成为坏男人的挡箭牌。

当然，要特别提醒女性朋友的是，在和男性的交往过程中，如果你确实不喜欢他，最好坚定地予以拒绝，绝不要和男人玩暧昧。

杭州曾经发生过一件惨案。一个海归的富二代把一个苦苦追求而不得的女同学直接从19楼推了下去，女孩当场死亡。这种丧心病狂的行为，绝对要加以谴责和惩罚。只是，分析事情的原委后，我们必须痛定思痛，以避免今后类似悲剧的发生。案件中的两个人其实并没有确定恋爱关系。这个女孩一直不喜欢这个男生，多次口头表示拒绝。但是，因为双方是同学关系，女孩抹不开面子，在男孩的一再坚持下，同意这个男孩和她合租同一间公寓，而且也接受了男孩送的手包等一些礼物。

女孩的这些行为，很容易让自作多情的男孩误解，以为只要自己加大投入，就能够赢得芳心。当女孩忍无可忍加以拒绝后，情绪失控的男孩就做出了疯狂的举动。

了解了男人的最大概率法则后，也希望广大女性朋友能更正确地看待身边的追求者，在明确了自己的底线后，能够以更妥善的方式来应对多情的男人们。

06　库利奇效应：男人为什么总是喜新厌旧

有一部叫作《我的前半生》的电视剧很火，讲的是一个美丽的女人遭遇婚变，丈夫的外遇却是一个平淡无奇的中年妇女。女主角每天都提防着丈夫周围浓妆艳抹的狂蜂浪蝶，却唯独忽略了丈夫身边这个打扮土气、毫不起眼的离婚女同事，结果就悲剧了。

电视剧里这一幕情境，并不是瞎编的。在生活中，这种被低颜值竞争对手抢走老公的事例并不少见。

比如，有一个男人出轨了，就有这样的评论说："这个家伙的老婆长得挺漂亮的，他怎么还在外面乱搞呢？"这个说法隐含的意思是，家花已经很漂亮了，没有必要乱采野花了。更有意思的是，有一个颜值很高的女人，老公出轨被她发现了，她怒气冲冲去抓小三，发现那个小三长相普普通通，工作普普通通，根本比不上自己。这位女士气坏了，说："你要是在外面找个比我长得漂亮的，我也就认了。你偏偏找个哪个方面也比不上我的，真是气人。”这位女士的不甘心，让我们感觉很好笑，难道她老公真的找了个比她强的小三，她就不生气了？其实是不可能的。

这样的说法，其实是因为不懂男人的心理造成的。除了少数自控力比较强的，绝大部分男人是喜新厌旧的。那么，进化是怎样给男人加上这一条性策略代码的呢?

我们先来讲一个故事。

有一次，美国第30任总统卡尔文·库利奇带着夫人去一家农场参观。由于总统还安排了其他的行程，库利奇夫人先去参观农场里的养鸡场。她看到一只公鸡正在卖力地与一只母鸡交配，这是养鸡场中公鸡必须承担的责任，库利奇夫人忍不住问道：“这只公鸡一天要承担几次这样的责任？”向导回答说：“一天要几十次。”库利奇夫人点了点头，对向导说：“请你把这个事实转告总统。”随后，总统来到了这里，向导根据总统夫人的要求，把情况告诉了总统。库利奇总统听了之后，提了一个问题：“总是和一只母鸡吗？”向导摇摇头，回答说：“每次都是和不同的母鸡。”总统于是说：“请将这个事实转告给总统夫人。”

大千世界真是无奇不有，这对总统夫妻绝对是奇葩，竟然一唱一和，拿养鸡场的公鸡和母鸡打起了哑谜。其实，这个看似戏谑的故事背后隐藏着真实的实验数据。

库利奇夫人之所以让向导把公鸡一天交配几十次的事实告诉总统，显然是因为她对自己现有的性生活频率不满意，希望丈夫有所触动，而库利奇总统的回答也一下子抓住了要害，男人总是倾向于被新出现的女性唤起性冲动。这个关于男人性心理的规律，也因此被称为“库利奇效应”。

心理学家的一项调查大力支持了库利奇效应。一对夫妻在结婚一年之后，性生活的频率就会快速下降到新婚第一个月的一半，此后更是像大熊市中大跌的股票一样，一路下滑。

从下降的速度来看，这不太可能是生理方面的原因，因为年龄增长带来的影响一般不可能在一两年内表现得如此明显。真正的原因是，男性更容易陷入对配偶的性疲倦，认为配偶的魅力下降了，对自己的吸引力下降了。

男人的这个习性，可以下降到动物的层面来好好看一看。

库利奇效应在哺乳动物中是一种非常普遍的现象。科学家们曾经把一头母牛放进了一头公牛的牛圈。两头牛交配完成后，科学家换了一头母牛到牛圈，结果公牛依然很兴奋，继续和新来的母牛交配。但是，如果把原来的母牛留在圈内，公牛就毫无兴趣了。

科学家还拿公羊和母羊做过类似的实验，结果也是一样的。当公羊和母羊交配之后，即便把母羊用帆布遮盖起来，公羊也绝不会上当，再和这头母羊进行第二次交配。公羊并不是因为自己已经发生过性活动而对这头母羊失去兴趣。当科学家们又把一头刚和另外一头公羊交配过的母羊放进羊圈，这头公羊立即就性趣盎然了，因为公羊立即就辨别出，这是一头新的母羊。

可见，雄性动物在判断伴侣的性魅力上采取了一种不一样的标准，这个标准就是：新的就是美的。

这当然是一个非常主观的标准，而且往往和客观标准很不一致。在前面几节中，我们曾经说过，男人的择偶标准很简单，就是年轻漂亮。但是，当求婚完成，男人赢得女神的芳心后，女神的性魅力很快就下降了。这个时候，一个新的女人出现了，即便是从客观标准上看，颜值或身材都不如自己的伴侣，也有可能让男人觉得其魅力胜过自己的伴侣。而那些旁观的评论者，和出轨男人的主观感受没有共鸣，依然按照客观标准来判断，结论自然完全不一样。

从进化的角度来看，男人的这一习性，依然是为了尽最大可能利用自己的性资源，繁殖更多的后代。这也就是今天会发生这么多婚外恋的本质原因。

但是，已经进入文明社会的男人们，绝不能停留在动物层面肆意妄为，还是要回到人的层面来解决问题。美国著名的性学家金赛在做了大量调查后，说："如果缺乏社会的约束，人类男性在他整个一生中对于性伴侣的选择将是混乱不堪的。"根据金赛的说法，要想让男人们守规矩，可以通过强化社会道德约束来达到目的。这种普遍性的做法会起到一定的作用，但很难完全打消男人们的原始冲动。

那么，该怎么办呢？

首先，女人们，特别是已婚的女人们要转变一个观念。很多女人在结婚之前，光彩照人，魅力非凡，但是在结婚后，特别是生了孩子后，就不再花时间修饰自己了。一方面是确实忙，家里家外全是事，时间不够用。另一方面是觉得连孩子都有了，老夫老妻无所谓了，用不着把自己打扮得像花儿一样。这样的想法大错特错。按照男人的代码设定，熟悉自然削弱魅力值，你自己还主动放弃，等于是自废武功，自降魅力值，等于是雪上加霜。

常言道，女为悦己者容。但是，更重要的，女要先为自己容。当你容光焕发，从内心到外表都对自己充满信心，你才会散发出足够的魅力，让男人不断地被你吸引。

当然，有的女性也会觉得，我已经很注重穿着打扮，也时不时换新造型，为什么丈夫还是对我越来越冷淡呢？回到开头说的电视剧《我的前半生》，女主天生丽质，每天进出高级商场，注重美容和保养，结果丈夫还不是跟一个长相普通的女人出轨了？怎么办？

进化心理学的另一项研究为我们提供了另外一个思路。

这项研究的主题是夫妻分离对于男性精子产量的影响。研究发现，夫妻分离越久，他们重聚后第一次性生活中，男人释放出来的“小蝌蚪”数量就越多。一对天天在一起的夫妻，男人平均一次的射精量包含3.8亿个精子，而分离半个月的夫妻，平均一次的射精量竟然包含7.1亿个精子，几乎是前者的两倍。

这是为什么呢？“小蝌蚪”数量的剧烈变化，实质上是一场卵子争夺战。

还记得我们在前面说过的父权不确定性吗？男人时刻担心自

己不在的时候，可能会被戴绿帽，这在原始社会是很常见的。到了现代社会，男人的这种担心依然没有消除。为了打败可能存在，也可能根本不存在的竞争者，在卵子争夺战中获胜，男人只有输送更多的精子部队，才能确保胜利。

这项研究，在生理学上为俗话说的“小别胜新婚”提供了数据支撑。新婚后夫妻俩天天黏糊在一起，老婆就算再漂亮，魅力值也下降了，而“小别”则提供了让魅力再度升值的机会。男人潜意识中的担心，会让他更加珍惜自己的配偶，从而也有可能减少他出轨的可能性。

所以，尽管目前还没有太好的办法从基因上杜绝男人们的喜新厌旧，但所谓的新与旧其实是相对的。女人们可以每天让自己灿烂绽放，也可以有意识地制造“小别离”，或者是让自己更加独立，做出一番事业，让男人对你刮目相看，从而感受到你强大的新魅力。

看来，两情若要久长时，还真不在朝朝暮暮。

07　零点现象：男人什么时候饥不择食

男人在择偶时，喜欢年轻漂亮的女人，还倾向于多多益善，喜新厌旧，希望在最短的时间内解决战斗。显然，男人总是尽可能地追求高颜值的女人。但是，男人们还有一个秘密，在有的时候，他们会大幅降低自己的择偶标准，饥不择食，来者不拒。

这到底是怎么回事呢？

心理学家在夜场的酒吧中发现了这个秘密。他们来到一个单身酒吧，要求酒吧里的男士女士一起参与一项调查。这项调查要求在三个时段给酒吧里的某一位异性的吸引力程度打分。这三个时段分别是晚上9点、10点半和12点。

结果发现，随着时间逐渐逼近12点，也就是零点，男士对女士的评分逐渐增加。一位在晚上9点时被评为5.5分的女士，到了零点的时候，同一位男士却给出了6.5分的评价。也就是说，在3个小时的时间内，这位女士的性魅力指数整整提高了一个点。因为总分是10分，这一个点就相当于提高了10%。从客观的角度来看，这位女士在整个晚上的性魅力指数应该是一个固定的分值，她不可能没做任何动作，突然之间就变得更漂亮了。

与此同时，女士对男士的评价虽然也随着时间接近零点有所提高，但提高的幅度不大。那么，为什么男人会出现这样的“零点现象”呢?

有的人可能会认为这是“啤酒效应”造成的。男人之所以认为女人越来越有吸引力，是因为他们喝下了越来越多的啤酒。但其实不然，男人喝一瓶啤酒还是喝六瓶啤酒，体内酒精含量与对于女性性魅力的评分高低并没有直接关联。

真正的原因在于，随着零点的逼近，猎取性伴侣的概率大大降低了，那些还没有得手的男人们，不甘心眼看着这一晚白白错过，于是只能通过提高对那些原来看不上眼的女士的魅力评分，用类似于“自我欺骗”的方式，说服自己赶快行动，以免到最后还是两手空空。

男人在别无选择或者选择概率不高的情形下，会大幅度降低自己的评判标准，从而说服自己“两鸟在林，不如一鸟在手”。这才是零点现象的真相!

发生在酒吧里的这一幕，属于男性短期择偶的典型场景。在这样的场景下，男人和女人心知肚明，双方都没有致力于营建长期伴侣关系的意愿，也就谈不上会造成多大的伤害。但是，零点现象也会发生在男性长期择偶的情形中。在这样的情形下，男性的这种饥不择食综合征，对于长期伴侣关系的伤害会潜伏很多年，一旦遇到了合适的时机，就会迅速引爆，对女性造成巨大的伤害。

美国的麻省理工学院做过一项心理学实验。实验邀请了男女各50名大学生参加，然后在他们的后背贴上写着从1到100的数字号码牌，男生全部是单数，女生全部是双数。但是，每个人都不知道自己背后的数字是多少，只能看到别人后背上的数字。而且，他们必须保密，不能将对方的号码告诉他本人。

准备工作做好后，实验正式开始，要求男女学生在一定的时间期限内开始自由配对。配对完成后的奖励规则是，将一男一女背后的数字相加，然后乘以10，得出的数字就是奖励给这一对男女的奖金。比如，99号男生与100号女生配对成功，他们能够得到的奖金是1990美元。而如果是1号男生和2号女生配对成功，这对不幸的伴侣只能领到30美元的奖金，连前者的零头都赶不上。

这个实验精准模拟了人类求偶的情形。在寻找终身伴侣的时候，男人和女人都要先评估一下对方的价值，然后尽可能寻找一个门当户对的对象。在这个实验中，每个人身后的数字就是他的价值体现。当然，现实生活中的价值评判要复杂得多，但基本机制是完全一样的。

一个人的求偶价值其实是一个相对的标准，是通过自己与别人的比较得到的，或者是在别人给出的评价中得到的。在这个实验中，你只要看看别人的眼光，以及是不是有一堆人围着自己转悠就可以大致判断出自己的价值，也就是背后的数字。

对于那些不幸被随机分配了小数字的男生，遭遇是很凄惨的。每当他要去搭讪数值较高的女生，对方只要看一眼他背后小得可怜的数字，就会毫不犹豫地放弃他。经受的打击多了之后，这个小数字男生就知道了自己的择偶价值是很低的。

但是，实验的时间不是无限的。在规定的时间内，他必须找到一个伴侣，才算是完成任务。随着截止期限的临近，零点效应自然就出现了。与其找不到价值更高的伴侣，以完全失败收场，不如先凑合找一个充数。这是不是和现在的相亲市场很相近？在父母长辈的催婚下，在一轮一轮的相亲大流中，很多人选到最后，往往已经没有挑三拣四的耐心了，生怕自己被剩下，最后只能将就选一个。

所以，最后的结果是，数值最高的99号男生和数值最高的100号女生不一定在一起，因为他们的选择都太多了，以至于挑花了眼，最后没有达成最优选择。这就好像我们有时候看到俊男身边不一定是美女，靓女身边不一定是帅哥一样。但是，低分值的男生则一定是和低分值的女生在一起，极少有逆袭的可能，因为他们别无选择。或者还有一种更狼狈的选择，就是被择偶市场彻底抛弃，沦为单身狗。当然，现实生活中总会有例外，但总的来说，基本逃不脱上述两种选择。

这个实验和现实中的情形非常相像，但有一点本质上的不同。在实验中，每个人的数值，也就是价值是不变的。但在现实中，男人和女人的价值却会随着时间的流逝而不断变化。而不幸的是，两性的变化方向正好是相反的。

有句俗话说：莫欺少年穷。男人在年轻的时候，除了富二代，一般会有一段贫穷的日子，但随着阅历的增加，能力的提升，慢慢就积累起了更多的财富，拥有了更大的实力。而根据进化的设定，男人的择偶标准就是年轻漂亮，随着时间的流逝，女人必然会人老珠黄。也就是说，当男人的价值最低的时候，偏偏是女人的价值最高的时候。这可真要命了。

对于年轻的男性来说，在社会压力和生理需求的驱动下，一般是不会放弃择偶的。但是，他的价值很低，很难找到真正让他满意的伴侣。这个时候，男性对准女神加倍努力献殷勤，但撞大运的毕竟是少数。大多数的男性只能退而求其次，在力所能及的范围内，先凑合一个再说，聊胜于无。这样的心理心态，就有可能为日后的关系破裂埋下隐患。因为，男人择偶的时候是心不甘，情不愿的，等到他混出个人样，具备了更强的实力，掌握了更多的资源之后，他就抑制不住自己的需求了。而且，更有可能的是，因为这种需求曾经被强烈地抑制，男人就会变本加厉地要求补偿，甚至可能是希望变态地加以满足。

当男人的价值高涨的时候，女人的价值却暴跌了。很多成功发达的男人，面对青春流逝的女人，毫不留情地提出离婚的要求。现实中，有很多糟糠之妻，就是这样被赶下堂的。如果离婚不成，这些曾经被零点效应驱动的男人们，也不甘心老老实实认命，往往会用外遇出轨来变相满足自己的欲望。这样的男人，自然就荣获了“渣男”的称号。当然，并不是所有的男人都会抛弃自己的糟糠之妻。零点现象是进化赋予男人的一种动物性本能，但我们已经迈入了文明社会，终究还是要在人的框架中来解决问题，不能任由动物性本能的驱使。所以，女性在面对男性求偶时，一定要仔细辨识，那个花言巧语的男人到底是不是出于饥不择食才对自己大献殷勤的。

零点现象的本质是男人在某一种情境限制下的最优选择。但是，当情境转换之后，这个当时的最优选择未必就是永远的最优选择。女人们一定要擦亮眼睛，慎重地考察男人的各种特质，让自己不仅是一时的最优选择，而且是一生的最优选择。

最后，还有必要点明一下，在什么样的情境下，男人更容易发生零点现象。这其实是符合经济学的供求法则的。当男女两性数量严重失衡的时候，也就是男性数量远远多于女性数量的时候，最容易出现这种零点现象。比如，在理工科院校里，颜值一般的女生也往往特别受欢迎。

那么，女人有没有办法阻止自己的男人沦为渣男呢？办法当然有。进化是一种平衡的力量，在赋予男性渣男潜质的同时，也在他们的身体内埋下了反制的可能。到底是什么呢？我们在下一节中详细论述。

08　性嫉妒真相：愤怒就是脆弱

最近看到一则新闻，差点让人笑掉了大牙，说的是乌克兰的一家动物园里发生了一起黑猩猩暴打饲养员的恶性事件。这位倒霉的饲养员挨揍的原因不是因为对黑猩猩不好，而是太好了。他饲养的一只雌猩猩很感动，直接就强吻了他。万万没想到，旁边的雄猩猩看到后，醋意大发，顾不得这位饲养员对它有长达六年的养育之恩，直接就开打了。饲养员被打得鼻青脸肿，手指头和耳朵也差点被这只怒火冲天的雄猩猩咬掉。

这只雄猩猩并不是无缘无故发怒的，那只“柔情万种”的雌猩猩可是它的老婆！雌猩猩亲吻饲养员，让雄猩猩以为老婆移情别恋了，所以立即就对“第三者”发起了攻击。

这一幕和我们的现实生活是多么地相似！

对配偶或性伴侣的不忠行为保持高度警惕，并且表现出毫不通融的嫉妒心理，正是男性最典型的行为模式。在这个问题上，男人的心眼绝对比针眼还要小。别说是伴侣和别的男人亲吻了，就是拥抱或跳舞，也会引发很强烈的嫉妒。如果伴侣和别的男人有更加亲密的行为，大多数男人就会失去理智，采取暴力行为。

男人的这种性嫉妒特性非常顽固，甚至可以说不可理喻。即便对离婚后的前妻，或者分手后的前女友，男人甚至也容不得别的男人和她亲密接触。

20多年前，美国发生过一起骇人听闻的辛普森杀妻案。这个辛普森是一名橄榄球明星，和一个名叫妮可的金发美女结婚后，因为感情不和，多次发生家暴而离婚。离婚之后，按说两个人没有相互约束的关系了，应该大路朝天，各走一边了。但是辛普森对妮可与年轻英俊的男人约会非常嫉妒，经常监视妮可的一举一动。有一天，妮可在一家餐厅吃晚饭，把太阳镜落在了餐厅里。她打电话给餐厅后，餐厅的一位男服务员主动把太阳镜送到了妮可家，结果辛普森以为这位男服务员是来和自己的前妻约会的，一怒之下，就把两个人都杀了。

这起恶性杀人案，不是男性因为性嫉妒而杀人的孤例。在全世界以及整个人类发展史上，丈夫将与别的男人通奸的妻子杀害的事例，并不少见，他们甚至都不用承担法律责任。比如，美国的得克萨斯州直到1974年才废除了这样的法律规定，其他危害程度轻一点的暴力行为就更不用说了。

心理学家对丈夫采用暴力行为伤害妻子的事件展开研究。有些人认为，丈夫之所以不再珍惜妻子，是因为随着年龄的增长，妻子繁衍后代的价值大大下降了，所以年龄大的妻子更容易受到丈夫的伤害。而另一些人认为，丈夫担心年轻的妻子在背叛自己后更有可能让自己为别的男人抚养后代，所以，年轻的妻子更容易受到丈夫的伤害。

结果发现，年轻的妻子受到伤害的比例远远高于年长的妻子。这说明，年轻妻子的出轨更容易引发丈夫强烈的嫉妒，并导致非理性的暴力事件。

离婚或分手，可以割断男人对女人的爱，却割断不了嫉妒。对于仍然处于婚姻关系中的男人，嫉妒心理自然会更强烈。这到底是为什么呢?

要回答这个问题，得把男人和其他雄性动物做一个比较。前面我们说过，雄性的黑猩猩和人类的男性一样，拥有强烈的性嫉妒心理，但这种现象在哺乳动物中并不普遍，只有和人类特别接近的黑猩猩才有这种因为嫉妒而攻击的行为。绝大部分的哺乳动物没有性嫉妒心理，其他更低等的动物就更加罕见了。而且，尽管黑猩猩会嫉妒，却不会对自己的后代投入任何的资源，抚育后代完全是雌猩猩的任务。但人类却不同，人类中的男性在抚育后代中的付出是很多的。

综合这几条线索，我们就能解开男人的性嫉妒之谜了。

性嫉妒其实正是人类的男性在漫长的进化中为了解决“父权不确定性”这个天大的难题而发展出来的解决方案。之所以会出现父权不确定性，是因为女人有可能存在通奸行为或被强奸行为。在远古时期，男人没办法确认自己的女人生下的孩子到底是不是自己亲生的。

黑猩猩等其他哺乳动物中的雄性的解决方案简单粗暴，反正不管是不是亲生的，我都一视同仁，管生不管养，爱谁谁。但人类中的男性却用性嫉妒机制来提醒自己时刻注意妻子的一举一动，严防死守，一有风吹草动，马上采取控制措施。可是，再精明的猎人，也有打盹的时候，所以，在现实生活中，还是有不少男人在帮“隔壁邻居”养孩子。

所以，性嫉妒就是男人的“精神保安”，7×24小时，全年无休。说实话，这个保安实在是当得辛苦。说到这里，女人们是否对男人小肚鸡肠、斤斤计较的性嫉妒多了一份了解了呢？不过，即便我们对男人的性嫉妒保持理解，也绝不支持他们失去理智后的暴力行为。

我们再深入本质来看，男人因性嫉妒产生的愤怒，实际上就是一种恐惧。他们过于担心自己的配偶或伴侣成为别的男人的性目标，才会这样谨小慎微、疑神疑鬼的。可见，男人看起来很强大，其实却很软弱。

当然，男人们也挺可气的。他们对伴侣的要求很严，不想让她们有任何的出轨机会，但他们自己却总是想要拥有更多的女人。这样的双重标准，让女人们很生气，也深受其害。那么，女人有没有办法避免自己的男人沦为在外面拈花惹草的渣男呢？

上节说，进化是一种平衡的力量，在赋予男性渣男潜质的同时，也在他们的身体内埋下了反制的可能。这个办法就着落在男人这个让人可恨又可笑的性嫉妒机制上。如果女人能够巧妙地利用男人的性嫉妒弱点，就有很大的可能让自家的男人把更多的心思放在自己身上，两个人的情感也会更加亲密持久。

有这样一个研究实验：男女大学生各100名被找来看一段10分钟的谈话视频。视频中，一名女学生来到一名男教授的办公室，请求教授宽限一下论文的完成期限。实际上，这个学生和教授都是专业的演员。在拍摄视频之前，他们被严格要求，不得表现出任何调情或卖弄性感的言行。看完视频后，大学生们被要求对视频中女生的表现做出评价。结果，女大学生们认为，那名女学生在恳求教授的时候表现出来的是一种友好的态度，而男大学生们却倾向于认为，那名女学生故意表现自己的性感以诱惑教授对自己网开一面。

显然，在性嫉妒机制的驱动下，男大学生们更加敏感，更容易将一般性的表情言语扩大化，从而“于无声处起惊雷”，在平常的交往中看出性诱惑的迹象。

女性完全可以利用男性的这个特点，或者说弱点，有意识地适度激发他们的性嫉妒心理，从而更好地把他们留在自己身边。比如，在聚会中和异性聊天，或者故意表现出对其他异性的兴趣。这些方法，基于男性的动物性本能，效果会非常明显。

很多洁身自好的女性，一心一意做让丈夫放心的女人，结果很多男人就真的放心地跑到外面寻欢作乐去了。反之，如果让男人不那么放心，他就不可能毫无挂碍地在外面为所欲为了。

当然，因为男人的性嫉妒是超级敏感的，女人在运用这个策略的时候，要特别注意把握好度，不要弄巧成拙，造成严重的家庭纠纷。

有这样一对夫妻，结婚十几年了，依然恩爱有加，让旁人羡慕不已。他们是怎么做到的呢？他们有一个秘诀。每到周末，夫妻两人就装成互不相识的陌生人，来到同一家酒吧，两个人分开坐，但确保相互能够看得见。然后，两个人就开始眼睁睁看着别的异性来和自己的伴侣搭讪，交谈，喝上一点小酒。当然，他们俩心里的嫉妒之情也随之慢慢滋长。等到心里的嫉妒浓度达到了快要不能承受的程度，两个人就相视一笑，起身离开酒吧，一起回家。

这真是一个非常高明的策略，既充分利用了性嫉妒的价值，又确保不会玩过火。酒吧中异性的主动搭讪，可以很好地证明伴侣魅力依然。面对异性入侵的风险，保护自己的伴侣自然就成了重中之重的第一要务。而两个人的感情也在这微妙可控的小暧昧中历久弥新。

既然人的动物性不能完全根除，那就好好地加以利用吧。只有温柔的嫉妒，淡淡的嫉妒，才是永葆爱情的灵丹妙药。

09 领地优势：什么样的男人容易劈腿

不知道从什么时候开始，“渣男”这个词开始流行，说的是有些男人，在感情问题上很随便，见异思迁，动不动就劈腿，给真心付出的女人造成了极大的伤害。这样的故事听多了，女人们就很紧张，担心自己也会遇到渣男。

渣男不会自己贴个标签顶在头上，让你一眼就看透，那么，该怎么识别渣男呢？要回答这个问题，还是要站在客观中立的立场，先给男人们做一个辩护。

男人追求性伴侣的多样化，确实是进化设定的基因密码。但人类已经文明这么久了，对于社会道德对男人的教化与约束，男人不能熟视无睹。当然，除了基因因素之外，人同时还是一种情境性动物，真正品质恶劣，从根上就烂透的渣男还是极少数的。大多数因为劈腿第三者而被冠以“渣男”称号的男人，除了主观意志不坚定之外，其实也能找到一些外部的情境性原因。

为了透彻地说明这个问题，我们先降到动物的层面来分析问题。来看一项关于黑猩猩的实验。

在这项实验中，研究者在黑猩猩面前摆了两个盘子，其中一个盘子里放了3块水果，另一个盘子里放了7块水果，让黑猩猩做选择。黑猩猩当然不傻，肯定会选那个水果多的盘子。但是，这个实验的规则却是，如果黑猩猩选中了一个盘子，实验者就会把它选中的盘子拿走，留给它的是另外一个盘子。也就是说，如果黑猩猩选放了7块水果的盘子，它只能得到3块水果。实验人员反复做实验，但黑猩猩怎么也转不过弯来，每次总是选择水果多的，却得到水果少的。后来，实验人员对黑猩猩做了训练，让它可以看懂数字，然后在盘子里分别放上写着数字7和3的卡片，用来代表水果的数量。规则还是和以前一样，结果黑猩猩学乖了，它可以控制自己，每次选择写有数字3的卡片，然后得到7块水果的奖赏。

为什么黑猩猩在面对实实在在的水果诱惑时，总是无法抗拒，却在面对抽象数字时，变得非常理性了呢？这是因为，抽象的符号让黑猩猩与食物之间产生了足够的距离，从而使得它更加清醒，并拥有足够的自控力。

再从黑猩猩回到人，如果将美色视为渣男的水果，你就可以明白，为什么男人在你身边的时候，总是信誓旦旦地说，绝不会对别的女人动心。这是因为，别的女人没有出现在面前的时候，只是一个抽象的符号，男人们拥有足够的自控力来确保自己忠于爱情。但是，一旦具体生动、活色生香的女人站在面前，男人的脑子就短路了，无法抗拒诱惑，以至于沦为渣男。

也许有人会说，黑猩猩的例子并不能用来解释渣男的行为。因为，虽然黑猩猩面对真正的水果无法自控，但人类可不会那么傻，人类很容易衡量出利弊得失，然后做出对自身最有利的选择。人类是有理性的，面对女人，同样也会保持克制，不会让自己冒风险的。其实啊，当男人面对女人的性诱惑时，在本能反应上往往和动物没太大的区别。

你还记得美国前总统克林顿的糗事吗？克林顿理性不理性？显然他很理性，否则不可能年纪轻轻就通过竞选成为美国的总统。当他担任总统的时候，他显然知道，和白宫实习生莱温斯基发生不正当的婚外情，将会面临何等巨大的风险。但是，他还是抵抗不住眼前的诱惑，而把远期的风险抛到了脑后，最后差一点就成了美国历史上第一个因为风流韵事而被弹劾下台的总统。

再也没有比克林顿这个例子更能说明问题了。稍有理性的人，都不会把自己推到风口浪尖上。但这个所谓的理性，往往是在事不关己的抽象想象中才成立的。

我们再来看另外一个实验——奖品的位置会对人们的风险敏感程度造成什么样的影响。

实验者邀请了一些人来玩一种“机遇游戏”。游戏的规则是，参与者必须从4摞扑克牌中抽出一张，根据这张牌牌面的大小就可以判定他们的输赢。获胜的人可以得到隔壁房间准备好的新鲜出炉的巧克力甜饼，输了的人则必须花上30分钟的时间，填写一份很无聊的问卷。如果参与者不想玩了，随时可以放弃。

第一轮实验结束后，胜利者和失败者都得到了按照规则事先约定好的奖赏或惩罚。然后，第二轮实验开始了，这次奖品的位置发生了变化。实验者想搞清楚，在回报保持不变的前提下，如果将奖品放近一点，会不会影响到人们的风险敏感度。

实验者不再在隔壁房间里安放巧克力甜饼，而是直接在实验现场支起了一个小火炉，当着参与者的面，烤起了甜饼。当甜饼的香味开始弥漫，参与者们投机的意愿奇迹般飙升了！即便赢的希望很小，参与者也愿意继续赌下去！

这里面的奥秘就是：当回报触手可及的时候，人们理性权衡风险的能力就会大大降低，甚至完全消失。也就是说，回报越引人注目，越唾手可得，人们就越会低估随之而来的风险，并做出冒险的举动。

这一次实验完全是针对人的。如果我们把新鲜出炉、热气腾腾、香喷喷的甜品比作充满魅力的女人的话，你就知道，为什么当诱惑近在眼前的时候，很多男人就会把持不住了。

通过这两个实验，我们大致明白了，为什么有些品质并不太坏的男人会变成渣男。俗话“人在江湖，身不由己”至少是有50%的道理的。尽管如此，女人们还是不愿意自己的男人变成渣男。所以，我们还是要明确一下，男人在什么样的情境下更容易被诱惑攻陷，或者说，男人在什么样的情境下更容易遇到诱惑呢？

显然，两性之间交往的距离是一个重要的因素，上面两个实验都提到了这一点。在有可能亲密接触的场所，最有可能产生亲密关系。在这样的场所，男人还必须具备足够的比较优势，才有可能成为关注的焦点，爱慕的中心。概括起来，就是男人的领地优势。在男人拥有掌控权的领地上，他拥有最大的优势来吸引领地范围内的其他女性。还是拿克林顿说事，白宫就是他的领地，作为美国总统，他在白宫里是NO.1，拥有最大的权力，很容易吸引其他女性的爱慕。而前来实习的莱温斯基，还是一个懵懵懂懂的小女孩，自然会被克林顿吸引，在不知不觉中向他表露爱慕之情。

由此推延开去，我们可以很容易地发现男人劈腿的易发地或者说重灾区。

第一个地方就是影视圈。男明星本身就是大众偶像，颜值之高、收入之高自然不用多说。作为明星，在影视剧中扮演主要角色，自然就让他拥有了领地优势，再加上影视剧中有很多亲密的肢体动作。在这些因素的综合作用下，男明星很容易在诱惑中沦陷，成为背叛感情的渣男。这样的例子已经太多太多，根本就用不着列举了。但还是想说一句，明星们的私生活比较复杂，某种程度上，其实是职业病。他们看似感情生活很丰富，但真正快乐的又有几个？很多平常人能够享受到的幸福，往往和他们无缘。当然，这也看自己是否洁身自好。提醒一下，作为明星的男演员，更应该加强修养，而不是放纵感情，挥霍幸运。否则，出来混，总是要还的。

第二个地方是学校。男老师本身具备知识优势，女学生情窦初开，同龄的毛头小伙子稚嫩肤浅，而年龄大上七八岁的老师则散发出成熟的魅力。师生恋近来发生的概率不小，足以说明问题。

以上两个地方是男人比较容易拥有领地优势的地方。根据进化心理学，自然也就更有可能发生劈腿事件了。当然，并非只有这两个地方男人易发生劈腿事件。

俗话说，兔子不吃窝边草。但那是兔子，男人往往爱吃窝边草。只要是在他的领地范围内，在能够展现他的权力、能力的地方，男人更容易吸引一大帮迷妹，也更容易自控乏力，情感泛滥，对原来的伴侣造成伤害。

所以，如果一个男人具备了领地优势，女人就要高度警惕了，要及早多打预防针，甚至要经常到他的领地去巡视一番，宣示一下自己的主权，防患于未然。

10　付出意愿：什么样的男人才是可靠的

网上曾经有个梗，有妹子说："等玩够了，就找个老实人嫁了。"于是，一大堆自以为很老实的男人跳出来说："我们老实人刨你家祖坟了啊！"

当然这是一个玩笑，让我们回到正题。其实很多女性在择偶时提到的"老实"，真实的寓意是想找个可靠的男人。然而，老实的男人可能好找，可靠的男人，就必须要求女性具备一双慧眼了。现实往往让女人失望，要找一个靠谱的男人实在不容易。从进化心理学的角度，男人从来就没靠谱过。要求男人"靠谱"，从某种程度上说，是有点违背他们的本能的。要找一个可靠的男人，不仅是现代女性的难题，也是女性老祖宗们的难题。

为什么这么说呢？

我们已经多次提到过，雄性动物在择偶时，总是倾向于速战速决，并且多多益善，基本来者不拒。为了达到这个目的，雄性动物进化出了欺骗性策略，努力把自己包装成靠谱的样子，以便尽快赢得心上人的青睐。

比如，有一些雄性昆虫向雌性昆虫提供食物，完成交尾后，马上将食物收回，然后拿着这份食物再去向另一只雌性昆虫求爱。这是非常典型的欺骗性策略。

人类比昆虫聪明得多，欺骗的套路当然也多得多。心理学家专门做了一个调查，发现男人们的欺骗性策略竟然有上百种。我们来试着列举男人们的一些套路，让大家见识见识。

在自己的事业前景上误导女人，让女人觉得自己前程远大，未来不可限量；

在经过心仪对象的面前时，努力把自己的大肚腩吸进去，让自己显得身材匀称，身手矫健；

当女人在场时，刻意表现得比平时更有责任心，更有爱心，更值得信赖；

在去单身酒吧之前，先摘下自己的结婚戒指，以免露馅；

……

这些个套路十足的男人会是靠谱的吗？所以，现实中很多女人觉得男人在把自己追到手之后或者结婚之后的态度与之前相比天差地别，原因就在这里。

当然，进化是搞平衡的高手。在和男性斗智斗勇的千万年间，女性也进化出了势均力敌的防骗策略。

我们知道，在生存环境极其恶劣的原初社会，那些毫不设防、毫无心机而上了男人当的女人们，结局是非常悲惨的，她们很难独自撑过漫长的怀孕期以及更为漫长的照顾孩子的抚养期。所以，女人为了生存，就必须优化升级自己的防骗系统。这个防骗系统说来倒也不难，无非就是要增加男人求爱的代价，在答应男人的性请求之前要求对方投入更多的时间、资源以及对未来的承诺。

时间是非常好的测试工具。如果一个男人不愿意在你身上花大量的时间，说明他一开始就没有抱着长期择偶的念头。这样的男人，显然不是可靠的选择对象。如果女人拉开架势，释放出要搞一场爱情马拉松的强烈信号，那些心怀不轨的男人一旦识别出这样的信号，自然就会知难而退，不再纠缠，转而寻觅下一个更容易得手的诱骗对象了。

有的女人也许会说，这个拉长考验期的方法不灵，我和男朋友爱情长跑都六七年了，怎么最后还是分了，而且还是他主动踹了我？

你那叫什么爱情长跑呢？你和男朋友早就同居在一起，除了没领证，和夫妻没啥区别。你那是七年之痒，是违背了基本规则的假跑，和考验半毛钱关系也没有。

进化赋予女性的防骗策略的一个基本前提就是：对于未经考验的男性绝不开放门户。

除了时间，还需要考验男性的资源投入程度。男人即便再有实力，如果不舍得在你身上投入各种资源，说明他也只是一时兴起地猎艳寻芳，而不是真正要长期地投入一段关系。

还有一种可能，这个男人有可能隐瞒了他的婚姻状况，假称单身与你交往，他的资源要投入原来的婚姻关系中，并不能投给你。

正因为如此，钻石才会成为婚姻的象征。钻石恒久远，一颗永流传。但其实钻石的价值和久不久远没有太大的关系，主要是因为钻石根本就没有什么价值。钻石是什么，无非是一堆碳原子组成的一块石头，却死贵死贵的。如果男人愿意花大价钱给你买没有什么价值的东西，说明他是真心对你的，确实有意愿和你共度一生。

另外还有承诺。虽然男人已经修炼出了欺骗性策略，但骗人总是要耗费心理能量的，骗多了多少也会良心不安的，而承诺等于是给自己挖坑。一个动不动就承诺，却很少兑现的男人，很可能就是个骗子。而那些更为靠谱的男人，是不敢轻易承诺的。如果他承诺了，就说明他已经做好了经受考验的准备。

有了这三条防骗措施，女人们就可以大致识别出追求者靠不靠谱了。但现实生活中还有一种情形不得不特别加以说明。

有句俗话说："好汉无好妻，赖汉娶金枝。"说的是，一些特别优秀的女性，往往没有和特别优秀的男人结婚，反而被一些拙劣的男人娶为老婆了。这其实是一种逆向选择。好男人本来应该和好女人配对的，却完全错位了，好男人娶了不怎么样的妻子，好女人也嫁给了不怎么样的老公。

这到底是怎么一回事呢？实际上，这是进化法则带来的一种错觉造成的。

在现实生活中，好男人知道自己在择偶市场上的分量不轻，往往优越感比较强，自尊心比较强。他们在求偶时，哪怕遇到了心仪的对象，也会比较含蓄地提出交往的请求。而他看中的女孩子，自然也是各方面条件比较出众的，为了甄别这个男人是不是真心，以后会不会花心，当然不可能轻易答应。这就有可能给男人造成挫折感。条件好的男人，更看重面子，为了不让自己没面子，很容易就选择了放弃。但这又给女人造成了一个错觉，以为这个男人很可能不是真心诚意的。于是，最般配的一对男女就这样擦肩而过。

那些所谓的赖汉，早就习惯了社会评价对他们的不接纳，心理素质更为强大。在面对优秀女人的时候，往往会不顾拒绝，死缠烂打，穷追不舍。而受进化规律暗中操控的女人，在不间断的强烈攻势下，又会出现另一个相反的错觉：这个人愿意在我的身上花那么多的时间和精力，坚持不懈，是不是就是那个可以依靠一生的男人呢？这个念头一产生，赖汉就有可能娶到金枝。

这真是进化造成的美丽误会。我们对此必须抱以理解，任何规则都不可能十全十美，总会以一些个体的牺牲来换取整体的平衡。那么，既然会有这样的误会，女性在面对优秀男性的时候，是不是就应该放弃矜持，甚至是主动出击呢？

从当下的社会现实来看，女性放弃矜持的大有人在，主动出击的也不在少数。但是女人这样做，就是拿自己的青春赌明天了。赌对的人当然也有，赌输的概率却更大。

进化心理学研究表明，如果女性把性视为稀有资源，自然就会物以稀为贵。但是，如果女性特别主动，特别开放，就等于在无形中鼓励男性把自己当作一个暂时的性伴侣而不是终身伴侣。也就是说，女人的主动对自己是很不利的。男性常常会把过早委身于人的女性当作一个行事随便的伴侣，给她贴上私生活过于开放的标签，而不愿或不敢和她建立长期关系。

所以，女性在选择结婚对象的时候，矜持一点，拉长对男人的考验期，是对自己最有利的选择。

不久前，IT界发生了一件悲惨的事情。一名创业有成的程序员，通过一个网络交友平台结识了一名女子。这个程序员给这名女子买豪车，买房子，利用巨额的资源投入，通过了考验，两人结为夫妻。结婚之后，这名女子依然频频索要财物，让男方把另外一套更大的房子过户到她的名下。程序员终于被这名贪得无厌的女子吓怕了，于是提出离婚。而这名女子威逼利诱，在离婚协议中给自己捞足了好处，最终逼得这名程序员，也就是她名义上的老公自杀了。

此后，有新闻媒体报道说，这名女子是一个婚托骗子，专门找有钱的单身男下手。对于这一骗婚诈财的行为，我们表示强烈的谴责。

但结合我们的主题，我们可以理性地看到：女性运用防骗措施来甄别求爱者的付出意愿，确实是有效的。如果这起事件中的女子不是骗子，而是一个真心实意寻求婚姻的人，她就已经找到了一位可靠的、可以托付终身的男性。

所以，女人并不用哀叹找不到可靠的男人。可靠的男人还是有的，就看你会不会灵活而得当地运用甄别策略。更大的可能性还在于，男人的可靠性也是可以通过女人的巧妙训练而养成的。所以，即便没有十足成色的靠谱男，找一个潜力股好好培养，牢牢把握控股权也是不错的选择。

最后，我们再总结一下，什么样的男人才是可靠的？

那些愿意在你身上花时间，投资源并且愿意给出长期承诺的男人就是可靠的男人。对此，女人们要表现出一定的矜持，而不可过于自降身价，否则有可能把这样的可靠男人吓跑。当然，万事不可过度，把握好度，并且及时发出一些认可的信号也是非常有必要的。妹子们有时候觉得男生明明一开始很热情，但是追着追着就不追了，这其实也不能怪男生不可靠。很简单，你倒是给个进度条啊！你得让男生看到继续努力的希望，他才会有信心来接受你的甄别考验。

11　公主陷阱：男人自卑起来是什么样的

在谈论两性关系的时候，我们经常会说到一个特别火爆的话题：当A女遇到了D男，会发生什么样的状况？

所谓A女和D男，是建立在一种以财富地位为划分标准上的等级分类，把男人和女人都分成ABCD四类。在现实中，女人往往追求上嫁，也就是要找一个在财富地位上比自己强的男人。而男性择偶的标准就是年轻漂亮，不太在乎女方的经济地位。于是，D女可以选择A男、B男、C男，C女可以选择A男、B男，B女可以选择A男。但是A女可就麻烦了，因为本来条件就很优越的她很难找到比自己更强的男人了。

从上述情况来看，反而是财富地位越低的女性，拥有越丰富的选择。随着女性财富地位的上升，她的择偶难度也随之加大。最后，就出现了一个悖论式的怪现象：最优秀的女人，本来应该是择偶市场中的抢手货，但偏偏变成了剩女，成了最难找到对象的群体。与此同时，财富地位最差的D男也被剩下了。所以就有了当A女遇到了D男会怎么样的话题。

也许我们会认为这只是互联网上的搞笑话题，但实际上，人类学家和心理学家早就对这个问题开展了研究。

他们费尽心力，在非洲的喀麦隆境内找到了一个部落。在这个部落里，男女比例严重失衡，女少男多，基本上是一个女人对应两三个男人。物以稀为贵，女人的稀缺使得女性的地位超过了男性，这和当下人类社会绝大多数的情形是相反的。在这个部落里，女人掌握了更多的权力和财富。女人说了算，自然也包括在择偶上的话语权。那么，她们会怎么选择婚姻伴侣呢？

研究者发现，这些比男性拥有更多财富的女性，仍然倾向于选择资源更多的男人。在她们结婚之后，如果遇到了一个能够提供更多金钱、支付更多彩礼的男人，她们会毫不留情地把原配老公踹了，投入新欢的怀抱。

这个部落并未受到现代文明的道德熏陶，更多的是体现了一种原始的本能。这也正是对进化机制的一种真实呈现。也就是说，进化赋予女人的重要择偶标准就是要选择财富实力强的男人。

原始部落的女人是这样，文明社会里的女人又是怎样的呢？

研究者们以美国的一群优秀女性为样本做了调查。这群女性受过良好的大学教育，工作非常体面，在公司里拥有较高的职位，收入很高，每年在5万美元以上，对自我的评价也很高，可谓是最典型的A女。

那么，这样的一群A女，倾向于选择什么样的男人为终身伴侣呢？

研究者发现，这些成功女性比一般的女性更加挑剔，她们要求丈夫必须是一个各方面都特别优秀的男子，一般的A男根本不被她们放在眼里。

可见，无论是原始部落，还是现代文明社会，A女的要求都体现了进化的法则：要找财富实力比自己更强的男人。

男人们对此心知肚明，所以，一般的男人是不敢轻易打A女的主意的。久而久之，当A女寻寻觅觅却没有找到称心的伴侣后，也会产生一种自我质疑："我这么优秀，为什么就找不到人来爱我呢？"如果这种自怨自艾的意念过于强烈，就有可能为D男的登堂入室提供机会。

一个最典型的案例就是韩国女首富李富真的爱情故事。李富真是三星集团董事长李健熙的长女，人称三星长公主。以三星集团的财富地位，李富真是韩国当之无愧的天字第一号A女。正因为李富真的等级地位太高了，几乎所有的适龄男人在她面前都相形见绌，不敢轻易地对她发动爱情攻势。妙龄少女怀春，却无人响应，这是多么痛苦的一件事。尤其是对于李富真这样呼风唤雨，想要什么就有什么的女人来说，更是无法忍受。于是，在一次公益活动上，她对父亲的保镖任佑宰产生了好感。两人交往四年多，不顾女方家庭的强烈反对，最终结为夫妻。

在谈恋爱的时候，主导李富真和任佑宰的是纯粹的爱情。在纯粹的爱情中，不考虑双方的等级差距可以说是一种美德，但是在结婚之后，双方的等级差距就成了万众瞩目的焦点。一个是公司底层的草根，一个是高高在上的公主，这个巨大的差距几乎等同于一场变性手术，李富真和任佑宰的社会性别完全颠倒了过来。

任佑宰就好像是生生地从一个男人变成了女人。为了重新证明自己是男人，他付出了极大的努力，出国留学深造，回来后在三星公司努力打拼。但是他欠缺的并不只是一点点，无论他怎么努力，都很难摆脱太太与生俱来的地位压力，同时还有整个社会舆论的压力。

虽然韩国是一个非常讲究男尊女卑的社会，但任佑宰不得不在屋檐下低头，这极大地加重了他的自卑感。如果一个男人不能够在婚姻中赢得尊重，就一定会成为婚姻的牺牲品。当任佑宰裹足不前的时候，李富真却充分发挥了自己的商业才能，很快就赢得了巨大的名声与财富。

这个时候，她和任佑宰之间就不再是家族荣耀带来的差距了，而是他们两个人之间的差距。落入公主陷阱而无法自拔的任佑宰，觉得这个坑再一次变深了。李富真最终也没能摆脱进化法则的操控，主动提出了离婚。任佑宰先是拒绝离婚，实在拖不过去，就提出了索要离婚费用和精神损失费的诉讼，要求李富真赔偿其精神损失费1000万韩元，以及总价值1.2亿韩元的财产分割请求。

大家可以看到，任佑宰的表现更像是常见的在婚姻中受到伤害的女人的做法。两个人的社会性别确确实实在这一场A女对D男的婚姻中彻底改变了。

我们之所以重点介绍这个案例，是因为这是A女与D男结合的最极端也最典型的例子。当男人不能通过财富地位证明自己的时候，他会陷入无可抑制的自卑，然后将婚姻推向悲剧。

所以，A女在选择D男的时候一定要特别慎重，否则男人就会用他们千百万年进化带来的习惯对你进行猛烈攻击，直到你缴械投降。退一步说，即便A女选择的不是D男，而是C男或B男，这种习惯势力的冲击依然不可低估。

我们都知道，从古至今，驸马都是世上最不快乐的新郎。公主下嫁，并不是单身前往，而是带着整个家族的荣耀与威权。

传统戏剧中有一出戏叫《打金枝》，说的是唐朝大将郭子仪为平复安史之乱立下大功，皇室为了嘉奖郭子仪，就把升平公主嫁给了郭子仪的儿子郭暧。结婚之后，小两口吵架，郭暧一时生气，竟然打了公主。公主马上翻脸，跑回娘家告御状去了。如果不是皇帝顾念郭家拯救江山的大功，郭家可能全家就栽了。

按照现在的标准，郭暧算是典型的官二代，高富帅，在择偶市场上属于最牛的A男。但是他见了公主还是不得不低头，无法得到有尊严的社会满足感。郭暧之所以敢打公主，也是因为他们家立过大功，否则，就算借他三个胆子，他也不敢用这种粗暴的方式抗争。可是，话又说回来，世上又有几个郭暧拥有这样的勇气或底气呢？

在财富地位不平等的婚姻中，男人自卑起来，就像女人一样。这是对男人的雄心最痛苦的打击，同时也是婚姻中的女人最无法容忍的无能。这两股力量，背道而驰，往往将整个婚姻撕成碎片。

那么，是不是A女就一定不能找D男呢？

凡事总有例外，最好的例子就是朱元璋。朱元璋出身贫寒，当过和尚要过饭，后来从军投靠郭子兴，因为智谋和勇猛而赢得了郭子兴的好感，郭子兴把养女马氏嫁给了他。这桩婚姻也是典型的A女配D男。好在后来朱元璋很争气，打下了整个江山，让自己变成了最高等级的A男——皇帝。

朱元璋的励志故事告诉我们，A女和D男的婚姻能否幸福长久，关键还是要看D男是否能够努力奋斗，提升自己。女人总是愿意为一个有雄心的男人等候的。当D男事业有成，所谓的社会性别角色错乱自然也就烟消云散了。

在当下的现实中，草根出身的凤凰男不在少数。这些男人通过读大学，从农村来到城市，并娶了城市姑娘为妻。这种婚姻模式，某种程度上也是A女配D男的组合。

如果希望这种婚姻幸福长久，凤凰男们确实需要加倍努力，发愤图强，以打破进化的桎梏。如果被这个差距激发出了更深的自卑，那就麻烦了。

最后，我们也要特别指出，面对不平等财富地位的婚姻，能够摆脱自卑的男人，终归是凤毛麟角。女人们，尤其是A女们，要牢牢记住这一点。

12 雄性衰落：找一个纯爷们为什么这么难

如果你听到一个年轻女人眉飞色舞、念念有词地说“老公怎么怎么样”，一定不要轻易下结论，认为她已经结婚，并且和老公很恩爱。事实上，她口中的老公，很可能不是和她领过证的真正老公，甚至她有可能压根儿就没结婚。这个“老公”往往是某一部韩剧里的男主角，俗称“花美男”。这些花美男，个个都是丹凤眼、薄嘴唇、皮肤比一般的女人还要白。评判这些花样美男的标准，其实是我们以前对女性的审美标准。

这真是让人感到奇怪。更让人感到奇怪的是，女人们一边为这些花美男着迷，一边却又感叹生活中的纯爷们越来越少。男人到底是怎么了呢？

让我们从身边越来越普遍的秃顶现象说起。

从进化心理学来看，秃顶其实是一个非常典型的进化标志。这种现象主要出现在男性身上，女人基本上用不着为此担心。

脱发和人体内雄性激素的含量密切相关。男人和女人体内都有雄性激素，当然男人体内的雄性激素含量要高得多。所以，在原初时代，秃顶大致上可以和雄性激素含量高画等号。也就是说，秃顶的男人更像纯爷们，更具有男性气质。

而且，秃顶往往和年龄有关。一般来说，男人总是要过了中年，甚至到了老年才开始大量脱发，变成秃顶。在原初时代，年龄往往和经历、经验、智慧，甚至财富呈正比。所谓“我吃过的盐比你吃过的饭还多，我走过的桥比你走过的路还长”，说的就是这个道理。所以，秃顶的男人往往被视为更具有雄性魅力，更聪明，更智慧，更有钱。

用进化心理学来解释，秃顶就是一个非常明显的进化标志，男人们用这个标志来向女人表明自己的优势地位，方便女人能够更为快捷地做出正确的判断，以引起她们的关注与青睐。这个“秃顶优势等式”和我们前面提到过的女人的“健康美丽等式”其实是一个道理。

正因为秃顶对男人具有很大的信号价值，进化才通过漫长的自然选择，给男人保留了这样的机制。

但是，现在脱发秃顶的时间却比正常进化上的时间提前了很多。全球范围内的很多男性都在为脱发担忧，包括英国的威廉王子，还不到30岁的时候，脑袋就成了重灾区，这很不正常。而且，不仅仅是男性，原本和秃顶无缘的女性竟然也开始严重脱发了。曾经，一个90后少女引发了网络热议。起因是她的双11购物清单中第一款商品就是防脱发产品。要知道，当时的90后中，年纪最大的只有27岁，最小的连20岁都不到！而且，很多女性在体检中，也越来越多地发现自己体内的雄性激素在增高。这说明女性在一定程度出现了男性化的特征，这和现实中女性越来越独立、越来越强势，城市中条件优越的A女难以找到如意郎君，可能存在着一种内在的联系。

综合来看，脱发提前和环境污染、食品污染以及工作压力、作息习惯等都有一定的关系。但从进化心理学来看，可能还有另外一种解释。

秃顶，可以说是男人们证明自己男性雄风压箱底的最后绝招。对于年轻的男性来说，他们提前20年来呈现出一种让自己显得更为年长的标志，也许是基因的一种特殊性适应，更是一种无奈。

通过外在特征来强化某种内在的特性，往往是内在匮乏不足的象征。小男孩们急着突显自己的男性特性，是不是正好反映了男性特征的严重不足呢?

雄性衰落，正是当前全球男人面临的一个巨大挑战。

早在十多年前，就已经有人发出“拯救男孩”的呼声了。人们发现，现在的小男孩，普遍缺乏阳刚气质，内向、腼腆、敏感，就像小姑娘一样。这样的小男孩长大之后，显然会缺乏男子汉气质。而小女孩们却变得外向、积极、自信，在各方面的表现都优于男孩。

我们且不说在职场、工作上的竞争，先来看两性择偶这个领域。古往今来，男性多是在择偶过程中主动出击的。他们要努力奋斗，百折不挠，表现自己，才有可能击败同类，赢得美人心。可是现在的男青年，大多很脆弱，姑娘家出于矜持，也是出于考验目的的拒绝，马上就会让他们知难而退，严重缺乏持续追求的勇气。而且，即便他们幸运地追到了女朋友，却又很害怕结婚，不敢承担组建家庭的责任。

有一部韩剧，男主是一个搞IT的程序员，奉行不婚主义，认为自己这辈子有房子和一只宠物猫就够了。他有一句名言："如果女朋友只要漂亮可爱的话，那么，猫就符合这个条件。"

这个男主绝对是"禁欲系男神"的代表人物。但从进化心理学的深层次来分析，就会发现严重的问题：一个男人，连征服女人的欲望和勇气都消失了，只有在小猫面前才能找回男性雄风，这还算什么男人呢?

更令人担忧的是，禁欲系男神在韩剧中已经成为新的主流。这些男主角，个个都是花美男，但似乎也个个性冷淡，缺乏男人最基本的欲望，对任何女人都非常无感。影视剧不会空穴来风，这样的人设往往是现实生活趋势的反映。随着这些偶像剧的流行，恐怕还会有更多的小男生受此影响，加入"禁欲系"之中。

看来，雄性衰落已经到了一个必须引起高度重视的阶段了。那么，雄性是怎样走向衰落之路的呢?

冰冻三尺，绝非一日之寒。追根溯源，雄性衰落的进程从200

多年前的工业革命就已经开始了。工业革命的标志就是蒸汽机的发明及应用，蒸汽机对男人的力量感造成了严重的冲击。有句歌词说："跑马的汉子，威武雄壮。"可是你再威武雄壮，也比不过蒸汽机、火车头的威猛。

机器相对于肌肉的巨大优势，让男人们深感自卑。男人之所以在两性的进化中占据优势，就是因为他们拥有比女人强大得多的力量。但是，机器却轻易抹平了男女两性在体力上的差距。当机器更加发达，只要在键盘上按几个钮就能操控的时候，一个手无缚鸡之力的小女子，也可以和一个强壮的男人一样，轻松操控巨无霸一样的机器。男性雄风顿时成了不值一文的摆设。

但这并不是男人遭受的唯一打击。工业革命之后，人类历史上出现了大规模的包括报纸、广播、电视在内的大众媒体，将各行各业成功人士的故事广为传播。到了20世纪，互联网出现了，整个地球变成了一个村庄，任何一个成功人士的故事可以在瞬息之间传遍整个地球。男人之间始终存在着竞争意识，一个男人的成功，对于大多数男人就是一种威胁，一种攻击。在人类的原初社会，一个男人只要应对同一个部落的几十个，最多几百个男人的竞争就可以了。由于信息阻隔，别的部落的优秀男人不可能对本部落男人的自尊心造成威胁。但是，互联网却彻底改变了这种局面，普通男人无形中要和整个人类族群中最优秀的那一小撮人去比较，这对于绝大多数不可能登上金字塔尖的男人是一种巨大的压迫。当看到20多岁的扎克伯格就已经建立了一个能够影响十几亿人的商业帝国，拥有几千亿美元市值的公司，有多少男人内心是崩溃绝望的？可以说，一个扎克伯格剥夺了多少男人的自尊啊！所以，传播技术的发达也导致了大多数男人无可抑制的自卑感。这是对男子汉气质的重大打击。

除此之外，随着女性自我意识的觉醒，她们积极参与社会分工，那些优秀者已经在很多领域取得了成功。当女性无须用体力来和男人竞争，男人就不再理所当然地拥有优势。女人的成功，使得她们更加独立、自信，也拥有了更多的财富。此前，女人之所以特别依赖男人，倾向于选择财富地位较高的男性作为长期伴侣，是为了确保自己的生存和对养育孩子的需求。现在，很多女人已经拥有了确保自身生存和养育孩子的经济实力，男人作为经济支柱的作用就被大大削弱了。没有男人，很多女人照样能够活得很好。所以，男人的地位和作用自然就不那么重要了。失去了面对女性的天然优势，男人会不可抑制地产生自卑感。

男性的一个重要生理指标也为雄性衰落提供了证据。

根据浙江省人类精子库的数据显示，精子库捐精的男性精液质量连年下降，每毫升精液里的精子数量，由2005年的平均1.3亿左右，下降到2015年的0.67亿，只有十年前的一半。另一个体现精子活力的指标，平均向前运动精子，也就是会向前运动可能与卵子结合的精子所占的百分比，也从56.5%下降到了51.6%。

这并非只是中国独有的现象。研究人员对来自北美、欧洲、澳洲的200份精液样本进行测量也发现，在不到40年的时间内，男子精液中的精子数减少了一半。负责这项研究的博士表示：如果人类精子数量按照这个速率减少，最后人类可能会由于无法生育而灭绝。

雄性的衰落，对于千万年来的进化来说，是一个非常关键的转折点。难怪女人们会慨叹，为什么现在男人们会变得这么娘，为什么找一个阳刚气十足、勇于担当的纯爷们会这么困难！

现在，我们应该知道，男人确实变得不那么男人了，但这并不完全是他们自甘堕落。科技的进步、传播的革命，以及女性的崛起，都对他们造成了极大的影响。男人们事实上承受了巨大的压力。

该怎么来改变、改善这种局面呢？

一方面，男儿当自强。男人必须勇敢面对挑战，自我激励，努力重振雄风。另一方面，虽然女性越来越强大，但是两性关系和谐，其实更有助于个人成长，当我们与异性相伴成长时，其实可以更全面地认知自己，认知世界。毕竟，两性始终是要在这个地球村里携手同行的。

「男性篇」Male

帮你了解女人

01　女性择偶第一法则：结婚为什么一定要买房

男人的择偶心理其实挺简单的，无非就是“年轻漂亮”四个字。但女人心，海底针，让人捉摸不透，女人的择偶心理可要复杂得多了，这是最让男人头疼的。

网上曾经流传这样一句话：“你和你丈母娘之间的距离只差一套房子，没有房子你就只能喊阿姨。”这一套房子，真的那么重要吗？让多少有情人成不了眷属！

买不了房，只能当单身狗的男人们，肯定会觉得非常委屈。因为他们搞不清楚，为什么女人会那么看重一套房。也有的男人会说，我女朋友挺好的，不逼我买房，都是丈母娘在背后苦苦相逼。别忘了，丈母娘也是女人，中国人的人格边界不明显，丈母娘实际上是在替女儿做主。所以，归根结底还是女人看重房子。

那么，为什么会这样呢？我们从进化心理学的角度来看看，房子在女人心目中到底代表着什么呢？

其实，在这个世界上，为房子操心的不仅是人类，就连鸟类也是一样。如果没有一个好的巢穴，连雄鸟也找不到对象。

非洲有一种织巢鸟，为了终身大事，生生地把自己变成了鸟类中的建筑师。织巢鸟会收集干草和其他一些材料来编织自己的巢穴。这就等同于我们人类盖房子了。盖房子的都是雄鸟，雄鸟为什么要盖房子呢？当然是为了娶老婆。没有一个好的巢穴，雌鸟是绝对不肯下嫁的。

雄鸟编好巢穴后，就开始密切关注雌鸟的行踪，凡是飞过、路过的雌鸟，它要争取一只都不错过。雄鸟只要看到有一只雌性的织巢鸟飞过来，马上就开始表演了。它用爪子勾住巢穴旁边的树枝，来一个倒挂金钟，然后腾出两只翅膀使劲扑腾。目的很明确，就是用这个夸张的行为秀，给自己的房子做一个活广告，吸引雌鸟的注意力。

雌鸟过来之后，马上开始检查房子的质量，这是雌鸟的拿手好戏。它会用喙和爪子来检验房子是不是结实，是不是牢靠。在雌鸟检查房子质量的时候，雄鸟是非常紧张的，它密切关注着雌鸟的脸色神情，同时在一旁唱歌助兴。雄鸟这么做有两个目的，一个是分散“房屋检查员”的注意力，另一个则是展示才艺。意思是我除了盖房子还有别的技能，没事可以给你解解闷。但是，即便雄鸟歌唱得再好，如果房子质量不过关，照样没戏。

大约10分钟后，雌鸟的检查工作告一段落，检查结果当场宣布，雌鸟用翅膀投票，如果它认为房子不错，直接就留下来入洞房了，雄鸟的求偶也就成功了。如果雌鸟认为房子质量不合格，立马就展翅高飞，绝不多停留一秒钟，留下雄鸟独自泪流，暗自神伤。雌鸟飞走后，接下来会去检查其他雄鸟的巢穴，不合格就飞走，觉得好才会留下来。而对这只雄鸟来说，如果接连几次，它的爱情鸟都飞走了，它就只能把巢穴拆了，推倒重建。因为不把房子建好了，永远只能当单身鸟。

听了这个故事，单身狗们是不是好受了一点儿？娶个老婆，哪有那么容易，就连鸟儿也要苦苦奋斗，你有什么好抱怨的呢？

从进化心理学来看，雌性对雄性拥有的资源的偏好，也许是动物界雌性择偶最古老、最普遍的偏好了。也就是说，雌性，无论是人是鸟，还是其他的什么动物，都倾向于选择拥有更多资源、经济实力更好的雄性作为长期伴侣、终身伴侣。这一个规则，就是女性长期择偶的第一法则。

那么，这种偏好又是怎么进化来的呢？

我们知道，在远古时期，人类的初始阶段，环境特别恶劣，生存极为艰难。活下去，并通过生育后代把基因传承下去，是最为重要的事情。所以，对于女性来说，结婚绝不是过家家玩，选错了结婚对象，极有可能把自己推向绝路。因为，结婚之后，女性要承担生儿育女繁衍后代的重任。而且，在生育、养育孩子的过程中，女性比男性要付出多得多。

从男女两性各自拥有的生育资源来看，男性拥有数量无限的精子，每个小时就能产出1200万个，而女性一生，所能产出的卵子数量只有400个左右。卵子相对于精子要宝贵得多，如果说卵子是奢侈品，精子就是快速消费品。女性这么宝贵的卵子，当然不能随随便便交给任何一颗精子，必须精挑细选。

从男女两性对于生育下一代的付出来看，两者也很不对等。生一个孩子，男性最少只要付出15分钟就可以了，而女性不但要承受十月怀胎，孩子出生后还要哺乳。如果女性盲目择偶，随便找一个没有任何经济实力的男性结婚，在远古时期的恶劣条件下，完全等于是自己找死。

正因为每个男性的经济实力是不一样的，所以，为了确保自己和孩子的生存，女性在千百万年的进化中形成了选择经济条件优越的男性当配偶的偏好，这实际上是女性的安全感需求。俗话说："嫁汉嫁汉，穿衣吃饭。"话听上去很土气，但实际上说的就是进化论的道理。

那么，这和房子有什么关系呢?

房子首先是一个安全的所在。拥有自己的房子，可以抵御自然界的暴风骤雨，也可以抵御外人的攻击。而且，无论在什么时期，房子都不是个便宜东西。房子贵，从而也就成了检验经济实力最好的指标。如果房价烂大街，谁都有好几套，房子就绝不会成为结婚与否的先决条件了。

当然，房子并不是判断经济实力的唯一标准。雌性动物也会从其他方面来判断雄性动物的经济实力。

我们再来看另外一种鸟的故事。

以色列的内盖夫沙漠里有一种伯劳鸟。伯劳鸟是一种猛禽，喙部和爪子都带有锋利的钩子，性情凶猛，捕食蜥蜴、蛙类，以及各种昆虫。在每年的繁殖季节开始之前，雄性伯劳鸟拼命地收集各种有用的东西，比如羽毛、布片，以及蜗牛、青蛙、老鼠、壁虎这些动物的尸体。更令人不可思议的是，伯劳鸟还把这些东西大张旗鼓地挂在自己领地内的树枝上。

雄性伯劳鸟为什么要这样做呢？

生物学家费了好大的劲才搞清楚原因。原来，雄性伯劳鸟这是在赤裸裸地炫富，这些被挂在树枝上的东西都是伯劳鸟群体公认的重要资产。说到底，雌鸟就是根据雄鸟挂出来的资产数量来决定是否把自己嫁给雄鸟的。

为了进一步验证结论，生物学家使了个坏，把一只雄伯劳鸟的全部财产偷偷地转移给了另外一只雄伯劳鸟。结果悲剧发生了，那只原本很富有的伯劳鸟，在倾家荡产之后，再也找不到女朋友了。雌鸟们绝情地拒绝这只没有任何资产的雄鸟，这只雄鸟只能沦为单身鸟。而另外那只一夜暴富的雄鸟，顿时成了婚姻市场上的抢手货。

你也许会说，雌鸟也真是势利眼。但这就是进化给雌性动物编制的生存程序，不这样做的雌性动物，生存概率就大大降低了。事实上，在事关生存的底层思维模式上，人类也并没有比鸟类高明多少。

女性要求男性拥有房子再结婚，并不是拜金主义，也不是唯利是图，这只是一种能够确保自己和未来子女的安全性的本能偏好，是千百万年来自然选择的结果。

所以，我们首先必须对女性的这种择偶偏好表示尊重和理解。当然，真相总会伤害一部分不愿意看到真相的人。那些因为了解了真相而痛苦万分的单身汉们其实也用不着伤心绝望，我们人类毕竟比鸟类聪明多了，就算你买不起房，也还是有其他办法来赢得女神的青睐的。

女神的心思虽然很难猜，但也不是完全没有规律的。在本书接下来的内容里，我们继续用进化心理学来揭开女性择偶的秘密。

02　身高错觉：女人真的渴望最萌身高差吗

个子不高的男生最害怕什么？

女生的高跟鞋啊！

穿着高跟鞋的女生，身高一下子暴涨10厘米，不就让个子矮的男生更加自卑了吗？之前网上流行一个词叫“最萌身高差”，其实这个最萌身高差并没有绝对的标准，但是一般指以下几种情况：

比如，女生的下巴刚好够到男生的肩膀，或者男生低头刚好吻到女生的额头等。好多妹子对这种“最萌身高差”总是充满粉红色的幻想，为之向往，为之陶醉。

从这个“最萌身高差”可以看出，绝大部分女人对于将要成为自己伴侣的男人的身高是有一定要求的。

女人有要求，男人自然就随风而动了。

于是，我们看到：一些身高没什么优势的男明星，在个人资料里把自己的身高写高几厘米，甚至十几厘米，已经是公开的秘密了。相亲的时候，身高一米六八、一米六九的男生，通常会四舍五入，说自己是一米七。男性虽然没有女性那样的高跟鞋，但是现在去商店里看，增高鞋、增高鞋垫，甚至男士厚底鞋也层出不穷。说到底，就是男生实在担心自己在心仪的女孩面前矮一头。

不过，你别看现在女生把高跟鞋穿得风姿摇曳、神采飞扬，牢牢吸引了男生的目光。但是，如果男生知道了高跟鞋的真相，恐怕鼻子都会气歪了。

实际上，高跟鞋最开始是为了男人的需要而发明出来的，并不是女人的专属品。

300多年前，法国出了一位叫作路易十四的国王。这哥们儿特别牛，现代时尚业很大程度上就是他老人家一手开创的。路易十四统治法国长达72年，被称为“太阳王”。他什么都好，可惜个子实在有点矮，只有一米五四，连一米六都不到，这极大地影响了他的光辉形象，所以他天才般地发明了高跟鞋，以便让自己显得高大威猛一些。当时照相技术还没有发明出来，但我们可以从流传到现在的一幅油画上看到这位太阳王穿着红色鞋跟的高跟鞋的英姿。他要是知道了高跟鞋流传到后世，竟然成了女人的专属品，估计会气得吐血。

那么，问题来了，男人为什么那么在意自己的身高呢?

这是因为，进化悄悄地在人们的潜意识中埋下了这样一条基因密码：高大等于威猛强壮。从动物的层面来说，雌性动物总是倾向于寻找威武雄壮的雄性来当自己的长期配偶，只有这样，自己的安全才有保障。

有一种叫作斗蛙的青蛙，雄性斗蛙负责建筑巢穴和保护蛙卵。当雄斗蛙求爱时，雌斗蛙会故意使劲地用身子去撞击雄斗蛙，如果雄斗蛙被撞开，甚至被吓跑，那么，这只雄斗蛙就再也不会出现在雌蛙的候选名单上了。这就是雌蛙的相亲测试。雌蛙要通过碰撞试验，来找到那些撞不开的强壮雄蛙。

对于人类来说，高大的人，一般比较强壮，而矮小的人，很难打得过高大的人。所以，女人们倾向于选择身材高大的男人当老公，以拥有安全感。

美国做过一项调查，很多女性认为把身材高大、体魄强壮的运动员类型的男性作为长期伴侣是很好的选择。而且，她们对于男性身高的要求是平均一米八以上。从征婚启事的效果也可以看出，那些高个子男人登出的征婚广告，能够获得更多女性的回应。

有这么一个故事，一男一女两个老同学20多年后见面，十分后悔当年没有相互表白。女生对男生说："其实我一直很喜欢你，你为什么不主动一点呢？"男生说："我也很喜欢你，可是有一次我们闲聊的时候，你说将来找男朋友一定要找像《上海滩》里面许文强那样的。"这个许文强是周润发版本的，身高在一米八以上，而这位男同学身高只有一米七，想想自己差距有点大，心里一自卑，就不敢表白了。你看看，一句看似无心，却是发自潜意识的话语，就阻断了一场可能的爱情。

可见，男人在意自己的身高，本质上就是因为女人在意男人的身高。女人的这种在意从进化的角度来看，是有一定道理的。高大的男人，不仅在心理上更能给人以安全感，而且在生理上来说也更强壮，在经济实力上也是如此。一项心理学研究表明，身高与收入之间存在着显著的正相关关系。在男人长达30多年的职业生涯中，一个身高一米八三的人要比一米六五的人多挣166000美元。这可不是一笔小收入啊。

为什么会出现这种情况呢？因为在人们的潜意识中，往往认为个子高的人能力更强，配得上更好的工资待遇。

正因为女人打心底里喜欢个子高的男人，个子不高的男人才会那么在乎自己的身高，就连威名赫赫的太阳王路易十四也不例外。有意思的是，法国很多著名的男人是矮个子，比如拿破仑，身高也就在一米七左右，而且偏左的可能性更大。法国的前总统萨科齐，只有一米六五，据说他和别人合影的时候，总是踮起脚尖，以便让自己显得不那么矮小。有一次外出视察，他竟然公然站在了木箱子上拍照。

萨科齐显然对自己的身高是很敏感的。所以，他决定在招聘保镖的时候，不招个子比他高的人。中国有句歇后语，叫作“武大郎开店——不容大个儿”，没想到应在萨科齐身上了。但是，拿破仑处理这类事情的气派比萨科齐大多了。据说，拿破仑有一次曾经对个子比他高的人说：“如果你因为个子高而对我无理的话，我马上就用剑来消除这个差距！”乖乖，因为身高的差异都快要搞出人命了。

无论是萨科齐还是拿破仑，对于身高的敏感，都是男人之间的较量。可是，在选择配偶的时候，他们是怎么做的呢？

根据进化的规律，他们只能选择比自己矮的女人，因为个子比他们高的女人不太会选择他们。但现实却让我们大跌眼镜，萨科齐找了个当过模特的女朋友，个子比他高10厘米。你只要自行脑补一下画面，就会有一种不太协调的感觉。这种感觉，正是千百万年的进化赋予你的直觉。

在国内综艺节目上，经常能够看到一个叫作王祖蓝的娱乐明星，他也找了一个当模特的老婆，个子比他高不少。两个人经常秀恩爱，好多人会担心，王祖蓝掌控得了个子比自己高的老婆吗？

但更重要的问题其实是：既然女人更愿意选择个子高的男人，为什么这几位却愿意选择个子比自己矮的男人呢？难道是进化出错了，还是这几个女人是另类呢？

在回答问题之前，我们再来看一个有趣的心理学实验。

英国剑桥大学的一位老师来到澳大利亚的一所大学里访问。接待者利用这个机会，做了一个小小的心理学测试。在第一个班级里，这位英国老师被介绍为学生。到了第二个班级，他被介绍为实验员。在第三个班级里，他的头衔变成了讲师。然后在下一个班级，又变成了高级讲师。在最后一个班，他成了教授。

当这位老师离开之后，接待者们要这些不同班级的学生来估计他的身高，结果让人大吃一惊。随着这位老师在介绍中头衔的不断提升，他的身高也在不断提升。平均来看，每次他的头衔提高一个台阶，他的身高就增加半英寸。所以，他做“教授”的时候比他做“学生”的时候，身高竟然高出了2.5英寸，相当于6厘米多，这已经是一个很显著的差异了。为什么明明是同一个人，不同班级的学生们对他身高的估计会差那么多呢？

显然，一个人的社会地位有助于弥补他的身高劣势。

这个实验可以给我们什么样的启发呢？

男性最好的增高术，其实不是鞋垫，不是鞋跟，而是名望、成就、财富或者某种能够在社会中脱颖而出的特殊技能等。当男人具备了这些身外之物时，等于是在脚底下垫上了一块块厚厚的砖头。这也正是萨科齐、王祖蓝他们能够赢得比他们个子高的女性青睐的原因。

女性认可高大等于威猛强壮，无非是要一种安全感。在原初社会，纯粹是拼体力的，所以，身材上的高大就是必不可少的。尽管这一进化密码代代相传到了现在，绝大部分女性还是受这一规则影响，但现代社会毕竟不一样了，光靠人高马大，并不能确保占据社会阶层中的有利地位，除非是黑社会打手。男人们已经不仅仅拼体力了，更多的是拼能力、拼智慧、拼品格，以及最终呈现在外的综合实力。

所以说，那些为自己的身高烦恼的男人们，如果你们明白了女人确实在意男人的身高，但其实又不是真正在意身高的道理后，是不是能够放松一些了。

尽管随着高跟鞋的高度不断增加，甚至有超过15厘米的“恨天高”出现，男人的压力确实更大了，但是，如果男人因为自己的身高不占优势而深感自卑，那么就会在社会竞争中更加落于下风。

男儿当自强，还真不是一句空话，与其自卑，不如努力。毕竟，已经有不少成功案例摆在你面前了。如果你能够凭借实力，追到一个个子比你高的女朋友，别人一定会以异样的眼光来看待你：这小子真帅！或者说，这小子真有才！一切都取决于你自己！

03　父爱匮乏症：女人要的安全感到底是什么

曾经听到过一个抓狂的男人的诉苦，说他的女朋友已经快要把他搞疯了。他的女朋友总是说自己没有安全感，很不情愿让他离开身边。可是男人总有一些社交活动，小伙伴吃吃喝喝什么的，他要特别费劲地苦苦请求，才能在女朋友那里请下假来。但是，活动开始没多久，就会接到女朋友的电话催他回去。如果不接电话，女朋友就会不停地打，直到把他催回去为止。平时，女朋友还经常检查他的手机，看到陌生姓名的电话，不问个水落石出是决不罢休的。女朋友的表现让他简直要崩溃了，他很想摆脱这种让他无法忍受的关系，可是又特别担心提出分手后，女朋友会闹事，甚至会出事。

这个男人的遭遇可能是一个极端的例子。但很多男人可能有一个共同的体会，那就是，女人为什么那么需要安全感？女人又为什么那么缺乏安全感？

要搞清安全感这个问题，还是得从进化心理学说起。

人的安全感和多种因素相关。设想一下，在人类进化之初，老祖宗们生存的环境是多么地恶劣，毒蛇猛兽，危机四伏，各种天灾，都会危及生命。因此，不论男人，还是女人，在基因中都存在着深深的恐惧感。所以，人们普遍会把安全作为第一需求。这是不分性别的。

不过，安全感还是存在着性别差异的。远古时期，在同等恶劣的外部环境中，男人的生存优势比女性要明显得多，这首先体现在身体的强壮程度上。男性比女性强壮，这是他们的先天优势。其次，女性承担了生育和养育孩子的重任，仅仅靠自己，很难确保自身和孩子的生存。从这两个方面来看，女性相对于男性确实对安全感的需求更为敏感和迫切。

上述理由并不能完全解释有些女孩子特别缺乏安全感的事实。就像我们举的那个例子中的女孩子，明显超出了正常的安全需求。这又是怎么回事呢？

进化心理学的研究表明，极度缺乏安全感的女孩，往往和儿童时期父亲的缺位有关。在一个家庭中，男人承担着丈夫和父亲的双重角色，他既是妻子的安全感的充电站，也是女儿的安全感的发源地。

如果父亲因为离婚、意外去世或者缺乏责任心，从而导致女儿在重要成长期没能够获得足够的安全感，女儿就会在日后出现一系列的不正常现象。这个重要成长期一般是指0～6岁。父亲在日常生活中的缺位，会导致孩子逐渐发展出这样的理念——父亲的资源是不可靠的，也是不可预测的。将这个理念延伸，孩子就会得出“男人是不可靠的”的理念。

这样的理念会导致女孩安全感匮乏，从而想要尽快地加以弥补。既然女孩在家里得不到父亲的爱，她就特别渴望从外部世界找到一个父亲的替代品，也就是其他的男人来提供她所需要的安全感。

为了与这种渴望相匹配，缺乏父亲关爱的女孩就会出现性早熟的现象。也就是说，女孩会让自己尽快长大成熟，以便能够和外面的男人结合。心理学的研究表明，在这类情形中长大的女孩，出现第一次性行为的时间有很大的可能性要比得到充足父爱的女孩早很多。这种性早熟的女孩从而也更有可能过早地与男人发生性行为，来寻求替代性的安全感。

但是，正因为她太过缺乏安全感，必然会在亲密关系中表现失常，比如过度的索取与严苛的掌控，等等。这反而更容易导致亲密关系的破裂，她的安全感也就更加缺乏了。

童年时期的经历，也会让父爱匮乏的女孩形成另外一个观念：成人之间的亲密关系是不可能长久维持的，就像她的父母那样。父母的行为模式就这样被复制成了孩子的行为模式。

亲密关系既然不能持久，而又必须从亲密关系中寻找安全感，女孩往往会通过频繁更换恋爱对象，用一段又一段短暂的亲密关系来弥补自己的安全感匮乏，但最终的结果是每况愈下，反而距离安全感充足的稳定心态越来越远。

都说女儿是父亲上辈子的情人，但现实中的父亲，也许不会想到，自己在家庭中的缺位，会给心爱的女儿一生的情感经历带来严重的困扰和伤害。

在前文举例中提到的女孩，就是一个典型的父爱匮乏症的受害者。在旁人看来，她把男朋友管得死死的，实在是太作了，作到最后，男朋友受不了了，一定会离她而去。然后，人们就把责任归结到女孩自作自受上。但如果我们明白了背后的真正原因，就会对这类父爱匮乏症的女孩抱以同情。这一类特别的女人，其实需要特别的关爱。

有一篇新闻报道了一个关于父爱匮乏症女孩的情感遭遇，情节非常典型，值得我们深思。报道说有一个女孩，她妈妈18岁的时候就怀上了她，可是因为父亲家里不同意这门婚事，她的父母没能结婚，这个女孩一直在没有父亲的家庭环境中长大。到了18岁的时候，她遇到了一个44岁的离婚男子。这个比她大26岁的男人，很快就用无微不至的关爱占领了姑娘的心，两个人很快就结婚了。对于一个从来没有得到过父爱的女孩子来说，她其实把这个男人当作了父亲的替身，虽然名义上这个男人是她的老公。有时候，她甚至会直接喊他“爸爸”。

结婚之后，这个男人一直把她当作宝贝一般呵护。整整十年，都没有让她出去上班。有一次男人得了阑尾炎，刚做完手术的当天晚上，依然坚持陪着她打游戏。这样的关爱确实让女孩得到了安慰，但是她在家里闲待了十年，很少与外界接触，缺乏社会交往的锻炼，导致心智一直没有成熟，整个表现一直像个任性的孩子。结婚十年，她也没有要孩子，因为她自己就是个孩子。

十年之后，她耐不住寂寞，开始出去工作，遇到了年龄相当的追求者。姑娘的心智开始觉醒之后，特别矛盾。一方面老公对她无微不至的关爱是她依然需要的。另一方面，她和老公的年龄差距实在太大了，眼看着老公已经奔向老年，而她自己依然年轻，这个心理的落差比年龄的差距还要大。她犹豫着是不是要离婚，重新追求自己的幸福。

这个姑娘就是典型的父爱匮乏症的受害者。在第一段感情中，她所寻求的和所获得的并不是爱情，而是亲情。为了这份匮乏的父爱，她花费了整整十年的时间。但当第二段感情出现的时候，她已经背负了很沉重的包袱，再也不能像一个普通的28岁的姑娘那样毫无负担地去追求真正的爱情了。

这个事件中的男人，虽然给予了这个姑娘关爱和安全感，却不得其法，没能引导姑娘的心智成长，而是让她一直保持在一个孩子的状态。尽管十年之后，姑娘为了不再无聊而外出工作，但其实她的心智并不能完全支撑起成熟的社会交往和真正的亲密关系。即便她和男人能够顺利离婚，并和追求者结婚，她也有很大的可能在新的亲密关系中出现种种问题。

所以，我们一定要明白，父亲的缺位，对于女儿一生的情感幸福至关重要。对男性朋友来说，一定要记得当自己成为父亲的时候，不要辜负女儿对你的渴求。对于女性朋友来说，则一定要擦亮眼睛，不要被各种各样的浪漫扰乱了心神，要找那些真正对家庭有责任心、对孩子有爱心的男人作为终身伴侣。如果正在谈恋爱寻找对象的男生，遇到了极度缺乏安全感的女生，可以试着去了解一下她的成长经历。如果她是父爱匮乏症的受害者，你就有责任给予她特别的呵护与特别的爱。这个特别是指，要更加理解她的不容易，更加耐心地来和她相处。同时，也要积极想办法，帮助她从过去的阴影中走出来，恢复到正常的状态。在这方面，如果自己力不能及，可以寻求心理学专业人士的帮助。如果你只是看到她的任性和黏人，对她不耐烦，就会给她造成更大的心理阴影与伤害。

另外，还有一个重要的规律要告诉大家。如果一个女孩的亲生父亲缺位，妈妈重新找了一个丈夫，情况会怎么样？

从表面上看，女孩是不缺父亲了，虽然只是继父。但是，一项心理学研究表明，继父的存在甚至比生父的缺位更容易导致女孩的性早熟，更容易让女孩形成短期择偶的亲密关系模式。

所谓短期择偶，就是不以结婚为目的的亲密交往。这是因为，生父会尽可能给予女儿最多的保护，会尽力阻止女儿过早地开始性行为。在现实生活中，我们经常会看到，一些父亲如临大敌般地干涉青春期的女儿与异性的交往。这其实是父亲关爱的一种特殊表现。但是，作为继父，有可能不那么在乎不是自己亲生的女儿，也有可能觉得自己不是生父而不便于采取特别严格的约束措施。

总之，任何一个人缺乏安全感，都会导致行为上的异常。而对于父爱匮乏症的女孩来说，更需要他人的理解与关爱。当然，如果你本人就是一个父爱匮乏症的女孩，也要学会加强自我的疗愈，调整自己的心智与信念，同时积极寻求一些外界的帮助，以便让自己的生活更加幸福。

04　姐弟恋悖论：女大男小的恋情能否修成正果

“姐弟恋”在中国其实并不是一个新鲜词。中国的俗话里就有“女大三，抱金砖”的说法，在现实中确实也存在着很多女大男小的婚姻。但这主要是在自由婚姻出现之前的现象，结婚的双方都不是自己选择的对象，而是听从父母之命，媒妁之言。

所以，从本质上来说，这并不是姐弟恋，而是姐弟婚。虽然有婚姻的事实，但男女双方在一开始时并没有建立感情。这和我们今天说的姐弟恋还是有很大的区别的。

今天，姐弟恋已经成为婚恋领域内的一个热点词。最出名的姐弟恋当然是那些娱乐圈里的明星。比如，马伊琍和文章就是典型的姐弟恋。一般来说，女方比男方大3岁，就可以称为姐弟恋了，而马伊琍比文章大了整整8岁。另一对更有名的姐弟恋是王菲和谢霆锋，两人竟然相差了11岁。

如果我们稍做了解，就会知道，姐弟恋面临着很大的压力。

恋爱与婚姻，其实并不只是个情感问题，一系列的社会因素和文化因素都在背后发挥着作用。

从进化心理学的角度来看，姐弟恋是不太符合进化规律的。

一项在全球范围内的研究发现，全世界的女性普遍偏爱年龄比她们大的男性。从平均数字来看，这个年龄差异是3岁左右。夫妻年龄差异最大的在爱尔兰，爱尔兰女性平均选择比她们大5岁的男性。

为什么女性会进化出偏爱年长男性的特性呢？基本上有这样一些原因：

第一，年龄和拥有财富、地位这些资源的数量大致呈正比。一般的男性，总要在30岁左右才能拥有比较稳定的收入。孔子说“三十而立”，不是没有道理的。我们一直说，女性为了确保自身和孩子的安全，必须找到拥有足够资源的男人。所以，找比自己大几岁的男人更靠谱。而在原初社会，盲目选择比自己年轻的男人的女性，基本上已经失去了把基因传下来的可能性，她们已经被残酷的自然选择淘汰了。

第二，从男女两性的生理发育来看，女性发育较早，同龄的男性往往不那么成熟。女性除了看重资源，也需要稳重靠谱的男人来做自己的配偶。那些血气方刚的年轻小伙，好勇斗狠，很容易弄出人命，暂时还不适合当长期伴侣。只有当他们体内的荷尔蒙含量下降，变得成熟稳重了，才更适合承担保护家庭的重任。所以，女性选择比自己大几岁的男人，是更有利于生存的策略。

当然，女性一般也不太愿意选择比自己年长太多的男性，这还是出于维护自身安全的需要。女性一般比男性寿命长，如果一个女人选择了比自己大很多岁的男人，她的后半生孤零零一个人过的可能性是很大的。上面那个全球性的调查也印证了这一点。

这是从女性的角度来说。从男性的角度，我们仍然难以找到姐弟恋符合进化要求的理由。

我们知道，男人选择伴侣最基本的一条法则就是年轻漂亮。在原初时代，年轻漂亮就是健康的象征，就是生育能力强的象征。姐姐即便漂亮，但肯定不那么年轻了,也就是说，繁殖价值不那么高了。所以，男人一般不会选择比自己年长的女性。

由此可见，姐弟恋压根儿就是和进化规则背道而驰的。姐弟恋中的男人，会被想当然地认为幼稚、不成熟，无法承担家庭的重任；姐弟恋中的女人，则难免担忧万一年轻的弟弟伴侣改变了心性，离开自己，整个青春可就被耽误了。姐弟恋通常会遭遇比较大的社会舆论，也就可想而知了。

那么，为什么现在会频频出现姐弟恋现象呢？有下面几个原因：

第一，在最近的数十年中，人类整体上走向了安全富足，不用处心积虑地考虑基本生存的压力，使得婚恋的目的性不那么功利了。人们在感情上的选择变得自由自主，从而也使得婚恋的不确定性明显增加。几乎每个人都会经历好几次恋爱，很多人在爱情长跑之后，没有走进婚姻殿堂，而是选择了分手。这样一来，人们结婚的年龄普遍变大了。

这其中的女性，尤其是优秀的女性，很容易错过适龄的男人（也就是比自己大两三岁的男人）。她们在择偶时，只能向比自己年龄小的男性靠近。

第二，我们在前面提到过，名望、地位、财富等身外之物可以有效地为男人增高。同样一位学者，因为头衔不同，别人对他的身高判断也不同。这说明，人类的认知并不是客观的。而对女人来说，名望、地位、财富等也能在无形中帮她们减龄，让女人在男人的认知中变得年轻。那些在社会竞争中获得优势的女性更为自信，也更有经济实力来捯饬自己，气质和物质上的双重优势，让她们在男人的认知中比实际年龄更年轻一些，从而能够吸引比自己年龄小的男性的爱慕。

第三，现代医学技术的进步，使得生育不再完全依赖于先天的身体因素。如保胎技术、试管婴儿、克隆技术，等等，让高龄产妇也能顺利生育，这就解除了女性的后顾之忧。从进化的角度来说，男性倾向于选择年轻的女性，很大程度上是出于繁衍后代的考虑，既然年龄不再是生育的制约因素，也就顺理成章地不再是婚姻的制约因素了。

第四，女性变得更加独立了。这种独立不但体现在心理的自信上，也体现在经济的实力上。很多女性已经无须依靠男人就能获得很好的收入，足以养活自己，这等于是解开了千百万年来进化强加在女性身上的枷锁。当女性不再为了确保生存而选择配偶时，她就完全可以根据情感本身来做出选择，这才是真爱，是文化战胜了进化的真爱。

当然，婚恋是两个人的事情，在姐弟恋中和女人共同承担压力的男人，也有必要表扬一下。这其中的代表人物是法国的现任总统马克龙。

马克龙和他的太太布丽吉特属于师生恋，也可以说是最高等级的姐弟恋。布丽吉特曾经是马克龙的中学法语及戏剧课老师，两个人的年龄差距达到了让人大跌眼镜的24岁。有意思的是，现任美国总统特朗普和他的太太刚好也相差24岁。有好事者将这两对夫妻的照片用PS对调了一下，重新配对。仅从年龄和外貌来看，对换一下，确实协调多了。但姐弟恋最关键的是感情和共同的价值观，而不是年龄和颜值。马克龙和布丽吉特在2007年克服阻力结婚，10年之后，马克龙当选法国总统，但这并没有影响他对布丽吉特的感情。

有很多男人，在功成名就时，恨不得早点抛弃糟糠之妻，这其实是符合进化心理学的。

美国的一项研究表明，男人的职业地位就是他的妻子魅力水平的最好预测器。一个位高权重的男人，往往更容易吸引年轻漂亮的女人。而位高权重的男人的妻子，往往是魅力非凡的。

德国的另外一项研究发现，随着男人收入的增加，他们会去寻求更年轻的伴侣。一个月收入超过10000马克的男人，会找比自己小10～15岁的配偶，而一个月收入低于1000马克的男人， 最多只会找比自己小5岁的伴侣。

马克龙成为法国总统后，达到了职权地位的巅峰，但他成功地克服了自己的动物性，依然钟情于自己15岁就喜欢上的老师。马克龙说自己是爱上了布丽吉特的气质和才华，他说："我们并不是一个传统的家庭，这是不可否认的事实，但我们的爱也一点不比别人少。"

布丽吉特也并不忌讳两个人之间巨大的年龄差距。在谈到马克龙在2017年的竞选中获胜时，她开玩笑说："他的确需要在2017年奋力一搏，如果到了2022年，他的问题将会是我的脸。"这一年，布丽吉特已经64岁了，而马克龙还不满40岁。从目前的情况来看， 这一对惊世骇俗的姐弟恋情感稳定，没有异动。

马克龙现象也许是现代姐弟恋的一个重要象征。这个违背进化规律的现象，可以折射出很多东西，但最关键的一点是，姐弟恋中的男女双方共同克服了很多源自进化和基因束缚的困难。这是感情的胜利，更是文明的胜利。

但愿更多的年轻男人，在姐弟恋的婚姻中能够像马克龙那样，彻底摆脱进化的束缚，真正成熟地承担责任，不辜负那个愿意和你相伴一生的女人。

05　情境依赖：在什么场合约会最容易打动女神

女人是不可捉摸的！很多男人会有这样的感觉。他们使尽浑身解数，送礼物、陪逛街、请吃饭……可是心目中的女神还是无动于衷。

女人为什么会这么矜持呢?

我们在前面说过，这是进化为女人量身打造的基因密码。在远古时代，女人因为身单力薄，还要养儿育女，如果找到的配偶不够强壮、不够靠谱，缺乏足够的经济实力，就等于是自我淘汰。而男人又倾向于快速解决战斗，搞定一个女人，然后扑向下一个目标，以便更多地把自己的基因传承下去。在两性的长期博弈中，女人自然就形成了精挑细选、不轻易动心的择偶策略。

这样的策略，代代相传，一直延续到了现在。这可就苦了男人们了。而且，女性的矜持往往容易出现逆向选择。那些能说会道、善于讨女人欢心的男人，往往不太可靠，但偏偏容易赢得女人的芳心。而那些老实木讷、特别可靠的男人，却因为不善于表达而屡屡错失良机。

那么，到底该怎么打动女神呢？怎么才能让你的真心被女神感觉到呢？

其实，人是一种情境性的动物。在不同的情境下，人基于本能的决策机制会有微妙的不同。明白了这个道理，我们就有办法了。

我们不妨让时光倒流，拉到远古时代，来考虑这样一个问题。女人在什么样的状况下，最需要男人，最离不开男人，最愿意接受男人呢？

显然是当她处于危险的时候。面临危机的时候，人们会本能地放下内在的各种心理防御，顾不得矜持，向力所能及范围内的其他人求助。这个时候，如果有人愿意伸出援助之手，给予保护，就是患难见真情，就很容易建立亲近关系，甚至是亲密关系。

就平时而言，对安全感要求高的女人，戒备心理往往比较重，不容易亲近，不会轻易打开心扉。但是，当处于危险情境的时候，越是对安全感要求高的女人，反而越容易在恐惧心理的催逼下，主动接纳能够帮助她的人。

心理学家用一个非常巧妙的实验验证了这个结论。他们选了同一条河上的两座不同的桥，其中一座是吊桥，位置很高，风一吹，就会摇晃得很厉害。另一座桥则比较低，而且很稳固，即便风很大，也不会摇晃。

心理学家派了一名美女到桥上去接近男人，随便询问他们几个问题，然后很主动地把自己的电话号码写在纸条上递给被访问的男人。这名女实验人员在两座不同的桥上做同样的事情，结果发现，在那座摇摇晃晃吊桥上的男人，更倾向于事后联系这名美女。而在那座稳固不动的桥上的男人，则很少继续联系这名美女。

美女是同一个美女，她所访问的男人都是随机的，问的问题也是一样的，按说不应该出现这么大的差距。事实上，正是桥的摇晃与否决定了最后的结果。

当人站在被风吹得左摇右晃的桥上时，难免会紧张，心跳自然就会加快。而心跳加快既是人处于恐惧情境中的典型反应，也是见到心仪对象怦然心动时的正常反应。大脑其实分不清楚这两者间的区别，只要心跳一加快，进化而来的身体反应机制就会对身边的人好感加深，爱意加深，更愿意接受身边的人，以便帮助自己缓解恐惧。

那些事后联系了女实验人员的男人们，就是因为心跳加快而认为这个美女特别有吸引力，让自己心动，于是主动打电话套近乎，寻求下一步的接触机会。

这个案例中说的是男人的反应，其实这种情况不仅出现在男性身上，女性也是通用的。

在这个实验中，恐惧的幅度很轻微，已经产生了这样的效果。我们可以再设想一下，如果处于一种恐惧感更强的情境中，是不是效果会更明显呢？

另外几位心理学家又设计了新的实验来加以验证。他们来到游乐园中的过山车旁边，手里拿着一张照片，照片中是一对长相普通的男女。然后，心理学家随机采访了还没坐过山车的人和刚刚坐完过山车的情侣，让他们给照片中的男女打分。结果，那些刚刚被过山车吓得魂飞魄散的情侣，果然对照片中的男女打分更高，认为他们更漂亮，也更有吸引力。

现在，作为男人，你是不是明白了，要想让女神对你动心，与其选择格调高雅、氛围浪漫的场所，不如选择会让她产生恐惧的地方，比如游乐园里的鬼城、播放恐怖片的电影院，等等。当然，你也要考虑好你和女神当前处于什么状态。如果两个人的关系还处于有待破冰的阶段，那么，你不太可能成功约她去这些地方。所以，不妨抓住一些日常的小机会，比如外出同行的时候，你要善于观察一些容易创造紧张情绪的情境，比如有时候马路上来来往往的车呼啸而过，拉一把妹子，就能给你加点儿分。或者出去爬山什么的，碰到了险坡，提醒妹子注意，搀扶一把，也能让妹子对你产生好感。如果你们的关系已经进入萌芽状态，那么，前面提到的鬼屋啊，或者溜冰啊，漂流啊，凡是带有冒险性质的活动场景，都是你大显身手的好机会。

当然，你要记得一个前提，就是这些会让女神心跳加快的恐惧，不能是你本人造成的。你的任务是要扮演那个可以保护她的人，而且是当下唯一的人选。否则，到底谁能赢得芳心，就不好说了。

心理学家们曾经躲在电影院外面的幽暗角落，观察看完不同类型电影后的情侣们的行为，发现刚看完恐怖电影的情侣最有可能手拉手、相互依偎着走出影院。

不过说实话，现在有一些妹子，因为经常看恐怖片，已经脱敏，进化到不怕恐怖片，甚至享受恐怖片的地步了。如果遇到了这样的妹子，你的通关难度可就大大增加了，必须想新的套路。

我们在小说或电影中经常会看到英雄救美的桥段。现在看来，这个看似老套的做法还真是管用的，我自己就亲身经历过一个类似的场面。那是我刚开始工作的时候，有一次几个朋友，有男有女一起去北京动物园玩。当我们参观犀牛馆的时候，有一头犀牛不知道为什么突然暴怒，大声嘶吼，冲着人就过来了。虽然外面是有铁栅栏的，但围观的游客还是被吓得够呛，纷纷转身就逃，场面特别混乱。

同行中有一位颜值挺高的女孩，吓得尖叫着跑出了门口。在门口惊魂未定的她，发现自己钻进一名男生的胸膛，瑟瑟发抖。这名男生早就对她有意思了，就是还不敢表白。因为这个姑娘的追求者特别多，而这名男生的条件并不是最出众的。现在天赐良机，女神惊慌失措，无意中主动送给了他一个呵护的机会，他当然要扮演大无畏的英雄角色了，很及时地献上了温暖的怀抱。

这起意外事件之后，人们发现他们俩在一起了，成为一对亲密的情侣。很多人都以为，他俩早就已经好上了，要不女孩在关键时刻怎么会寻求这个男生的保护呢？其实，真相恰恰相反。如果没有犀牛的意外一吼，这一段亲密关系也许不会诞生，至少不会那么快诞生。

现实中，我们还经常看到这样的情况，有些女孩子胆子特别小，但偏偏又特别好奇。一旦有人要讲鬼故事，往往吓得堵上耳朵，却又想听个究竟。有的男孩子就利用这一点，瞎编乱造讲鬼故事，往往也能将心爱的女孩追到手。

所谓好奇害死猫，其实人也是一样的。在现代社会，人们不太会有进化之初老祖宗们所经历的那种在生死线上挣扎的恐惧了。可是，基因是有记忆的，人们还是会不由自主、若有若无地向往似曾相识的恐惧，有一种想要体验的冲动。人们对于恐惧其实抱有矛盾的心理，既害怕，又想接触。如果你能够充分利用这一点，邀请女神一起去冒点险，打动女神的可能性就大大增加了。

我们知道，女性在选择长期伴侣的时候，是非常谨慎的，要考虑经济实力、体格强壮程度、努力勤奋程度、责任心、道德感等各种各样的因素。面对这么复杂的标准，在多个赛道上比赛，要想获胜的难度确实是很大的。但是，当女性处于危险的时候，安全就成了第一选项，其他任何因素就退居二线了，你要争取单项冠军也就不那么难了。这既是利用情境的力量，更是利用基因的本能。

当然，我们必须提醒的是，你确实要具备优良的品质，是真心诚意地想要呵护这个女人。否则，如果你只是伪装，即便把女神追到手了，也会因为暴露了真实面目而分手。一定要知道，现代的女性已经从人格和经济上崛起，不再像远古时期必须依赖男人才能生存。你要是抱着侥幸心理，耍个小九九，想要蒙骗过关，恐怕会付出极大的代价。

06　月经周期表：除了让她多喝热水，你还能干点啥

很多男生一直被一个问题困扰。当女朋友或者老婆“大姨妈”来的时候，麻烦就开始了，好像自己说什么做什么都不对。可怜的男生除了说“多喝热水”，真不知道自己还能干什么。而这句“多喝热水”也遭到了广大女性朋友的DISS，更有妹子机智地回复，那以后男生说自己工作累了的时候，我们也让他多喝热水好了。

所以，作为男生，光知道有个化学元素周期表，那是远远不够的，你还得懂月经周期表。要知道，“大姨妈”的影响力是巨大的，不但会对女性的言行举止有微妙的影响，甚至会影响到她的择偶倾向。

我们知道，女性的整个生理周期在28天左右，除了月经期，还有安全期和排卵期。安全期大家都知道是什么意思。排卵期就

是指女性子宫内的卵泡逐渐成熟，并向卵巢表面移动，向外排出的过程。排卵期的女性，如果发生性关系，是最容易受孕的，这是由女性的生理特性决定的。

如果你对进化心理学有所了解的话，就会知道这个排卵期的重要性。

我们知道，女性的择偶标准，就是要选择那些经济实力强、资源众多，并且愿意对自己付出的可靠男性，这是确保生存的需要。

但是，在排卵期这样一个特殊的时刻，女性的择偶偏好会截然不同。她们往往把这些条件放在一边，表现出完全不同的择偶倾向。可以说，在这个时刻，女性在配偶选择上是最接近动物性的，也是最不理性的时刻。

心理学家们做过一个实验。他们精心挑选了一群脸部对称性不同的男性。在进化心理学中，脸部对称性是一个非常重要的衡量指标。生理学和心理学的研究表明，脸部对称性高的人，男性的雄性激素水平比较高，身体更加健康强壮，更具有男子气概；而女性则是雌性激素水平比较高，身体健康，生育能力更加良好，更有女人味。

心理学家找到这批脸部对称性不同的男性后，给他们分派了一项特别的任务，让他们连续两个晚上穿着同一件T恤睡觉，不准脱下来，而且这两天内，不准洗澡，不准使用体味除臭剂，同时还不准吃胡椒、大蒜、洋葱等气味浓烈的辛辣食物。两天之后，要求他们把T恤上交。

然后心理学家让参与实验的女性闻这些T恤，对衣服的味道好闻程度打分。结果，有一部分女性啥也没闻出来，一点感觉也没有。而另一部分女性则给出了答案，她们认为其中有几件T恤的气味特别好闻。经过核对，那几件T恤是脸部对称性特别好的男人穿过的。这些能够辨别气味好坏的女人，正好处于排卵期。而那些不在排卵期的女人，则没法对T恤的气味做出区分。

为什么处于排卵期的女人的嗅觉会这么灵敏呢？

其实，很多人，包括很多科学家都搞错了，这根本和嗅觉没关系。在人的鼻子里面，有一个不易觉察的小器官，叫作犁鼻器，是位于鼻子中隔前端的小孔，左右各有一个，宽度为0.1～0.2毫米，一般要用放大镜才能看清楚。医学界很晚才发现这两个小孔，并且粗心大意地把这两个小孔当作了和盲肠一样的退化器官，认为它没有任何用途。

但实际上，犁鼻器的作用很大，它是人体荷尔蒙，也就是性激素的接收器。犁鼻器和大脑中的情感表达中枢直接关联，人们就像动物一样，会对从犁鼻器传来的荷尔蒙做出不假思索的反应。

有时候我们看到一对男女一见钟情，但很难讲清楚是什么原因让他们只看了一眼，就坠入了情网。真实的原因是，双方的犁鼻器敏锐地捕捉到了对方的荷尔蒙恰恰是自己喜欢的类型，于是马上就做出了深情款款的呼应，这个呼应的速度远远超过了大脑的理性思考速度，所以让人感到不可思议。

再来看刚才那个实验。那些处于排卵期的女人，之所以会感觉对称性好的男人的T恤更好闻，正是因为这样的男人更具有男子汉气质，他们分泌的荷尔蒙更有男人味，从而打动了排卵期女人的犁鼻器，最终推动大脑做出了味道好闻的判断。

这个实验揭开了一个巨大的秘密：女性在排卵期对于男性的荷尔蒙特别敏感，喜欢更具有男性雄风的男人。

如果你懂得了这个秘密，就知道应该如何搞定你的女神了！

据说在19世纪的奥地利，曾经出现过一个神奇的农夫。这个家伙简直就是个情场高手，他特别有女人缘，在情场上无往不胜。很多人都不知道他是如何做到的。其实，他的秘诀就是，每次参加舞会的时候，他都会在腋下夹上一条手帕，等到跳舞跳得面酣耳热，他就会拿出这条手帕，给舞伴擦汗。这个举动体现了他的贴心，容易让舞伴感动。但真正起作用的是，这条手帕上充满了他的雄性荷尔蒙，在不知不觉中就通过犁鼻器让他的舞伴沉醉了。这个故事听起来好像有点重口味，现在的男生可不要傻兮兮地照搬照抄，当心妹子一脚把你踹到19世纪的奥地利去见那个神奇的农夫。

不过，这个神奇的农夫教给我们的重要一课就是，要针对女神的排卵期，充分利用荷尔蒙的神秘力量。在这个特殊时期，女性更喜欢坚毅强健的男子汉形象，你就应该展现你的力量感，让自己表现得更男子汉一点，甚至来点大男子主义也是可以的。当然，要注意尺度适当。

你也可以适当利用一下荷尔蒙的力量。在女神的排卵期，可以不要那么勤于洗澡，别让哗哗的流水把你的雄性荷尔蒙全都白白冲走了。这个时候，邋遢一点，脏一点，体味浓一点，反而是你的优势。而在女神的月经期，你就要切换频道了。首先必须把自己收拾得干净利落，让自己柔美一点。因为，女性的月经期，是不具备繁殖能力的，所以在进化的安排下，女性不太喜欢男生表现出邦邦硬的力量感。这个时候，女性的生理和心理都在经受考验，她们特别需要呵护和关爱，你除了及时奉上一杯热水之外，更需要语言上的嘘寒问暖，行动上考虑周全，你必须展现出温柔细心、充满责任心的一面。这是打动女神的好办法。

当然，要想在两种状态中切换自如的前提，就是你必须彻底搞清楚女神的月经周期表。否则，万一混淆，那就适得其反了。

女性的排卵期对于男性来说，既是机遇，又是风险，这个风险主要是针对那些已经和女神建立了亲密关系的男人而言的。

研究表明，这一时期的女性，更有可能对伴侣之外的男性产生兴趣。在排卵期，如果遇到了比丈夫或男友魅力更大的其他男性，她们有更大的可能性去欺骗伴侣，另觅新欢。也就是说，这个时期的女性，更容易接受外界的诱惑，更有可能出轨。

处于排卵期的女性，还表现出另外一种特性，她们对其他女性的妒忌心比平时大大增加了。英国的心理学家做过一个实验。他们让一些女性参与实验，给她们展示了35张女性的面部照片，这些照片都是普通的工装照，照片上的女人没有添加任何装饰物。参与者的任务就是给这些照片按照吸引力程度打分。

结果发现，处于排卵期的女性给照片中的女性打的分明显偏低。而当她们的排卵期结束，进入了生理周期的其他阶段后，给同样女性的打分却恢复了正常水平。显然，当她们处在最有可能生育繁殖的时候，她们特别在意其他的女人来和自己竞争。她们贬低照片中女性的颜值和吸引力，纯粹是嫉妒心作怪。其根本目的，就是要打击可能的竞争对手来抬高自己，以便更好地引起心仪男性的关注。

最后，让我们披露一个流传于心理学界的笑谈：“最近的一项研究显示，女性认为哪一种男性的面容富有魅力，会随着女性处于她的生理周期的不同阶段而有所不同。如果她正处于排卵期，她会被有棱角的、富有男子气概的男性吸引。但是，如果她即将进入月经期，她就更有可能被前额圆滑的男性所吸引。”

那么，你到底是脸上有棱角的男人，还是前额圆滑的男人呢？不管你是哪一类型的男人，如果你想把心目中的女神追到手，好好了解一下月经周期表，总是不会错的。把握好了，就是事半功倍，把握不好，所有努力可能就打水漂了。

07　性隐秘策略：女人为什么总让人捉摸不透

如果给男人机会重新回到进化之前，让他选择是继续进化为人，还是停留在黑猩猩或其他类人猿的阶段，这个男人会怎么做？

我相信，几乎所有的男人还是会选择继续进化为人。但是，在点明黑猩猩所拥有的福利之后，绝大部分的男人可能会犯嘀咕，自己到底是不是做出了正确的选择。

那么，黑猩猩到底拥有什么样的值得男人羡慕的福利呢？

我们知道，在包括黑猩猩在内的各种哺乳动物中，雌性动物都会有一个明显的发情期。在发情期，雌性动物的外部生殖器充血肿胀，同时发散出浓烈的气味，以招引雄性前来求偶。也就是说，雌性动物通过明显的信号，让雄性明白这是最好的繁殖机会，从而高效地完成进化赋予的将基因传承下去的重任。当发情期过了之后，雌性动物就不会再和雄性动物交配了。

但是，人类却完全不同了，人类中女性的发情期在进化中几乎消失了。

法国哲学家孟德斯鸠说：“人类是唯一一种在不饿的时候吃，在不渴的时候喝，并且在所有的季节都做爱的动物。”听上去很潇洒，仿佛人类彻底摆脱了自己的动物性，但其实不然。正因为人类没有固定用于做爱的发情期，所以理论上几乎随时都可以做爱，却给男人们增添了很多麻烦。

男人们也希望女人们能够发出明显的信号，以便于自己节省精力，以最快的速度、最高的效率完成传宗接代的任务。但是，女性却偏偏进化出了让男人们捉摸不透的性隐秘策略。

男人是最害怕不确定性的，女性的性隐秘策略最大的成果就是成功地让男人们始终为“父权不确定性”而担惊受怕。关于“父权不确定性”以及男人们为了确保自己的父权，不至于为“隔壁邻居”养儿子的种种看似荒谬的做法，我们在本书前面的章节已经做过详细的介绍了。在这里，我们再补充一个重要的结论。

我们知道，男人的本性是追逐更多的女性，让她们都能够给自己生儿育女，最大化地把自己的基因传播下去。所以，男人在本性上是不愿意被一夫一妻制的婚姻制度约束的。但为什么一夫一妻制会成为人类社会的主流选择呢？

背后的推动力量正是女性的性隐秘策略。

我们可以设想一下，如果女性也像雌黑猩猩一样，拥有明显的发情期会怎么样？男人们就很容易抓住这个时期来确保自己的父权，而不肯和女性一起来组建家庭了。男性在婚前为求偶的各种付出，在婚后的各种防范，事实上都是为了应对女性的性隐秘策略。

所以说，在过去的几千年中，看似是男权社会，看似是男人主宰一切，看似女人一直居于弱势的位置，但实际上，女人是用巧妙的策略在暗中操控男人及社会生活的形态。

有一个心理学实验，充分证明了女人的隐性操控力。我们知道，有的人在群体中具有很高的控制力，可以支配别人来听他的指挥，按他的想法做事情，这种特性叫作支配性。这个实验根据男人和女人在支配性上的不同，精心挑选了实验对象，然后，将高支配性的男人、女人和低支配性的男人、女人，两两配对，一共分成四组。

每组都要完成一项相同的任务。小组成员需要自行决定，谁是领导者，谁是服从者。根据一般的经验，那些支配性强的人当然会成为领导者，事实基本也是这样的，但是问题却出在高支配性的女人和低支配性的男人这一组上。这一组的结果，有点让人不可思议。明明是控制力很强的女人面对一个唯唯诺诺的男人，竟然还是让这个男人当领导者。

难道最厉害的女性也真的心甘情愿地服从于最无能男性的主宰与支配？

后来，实验者通过对小组谈话录音的深入研究，发现了背后惊人的秘密。原来，高支配性的女性任命了低支配性的男伙伴作为领导者，说白了，这个组的男性就是个傀儡，仅仅是表面上的领导者，而暗中操控、垂帘听政的则是女人。

这个实验告诉我们，女性更倾向于采用一种与男性不同的方式来表现她们的支配性和领导力。也就是说，比起在台前抛头露面，女性更愿意在幕后规划、操控一切。

在我们的日常生活中，其实也能发现类似的现象。很多家庭，说起来是男主外女主内的，但家庭的财政大权往往掌握在女人手中。女人在外面会给男人面子，回到家里，就是大领导。有个笑话说，男人在外面吹牛，在家里大事都是我做主，小事才是老婆做主。但其实，他们家从来就没有发生过大事。

女性特质中的隐性操控也会通过让男性猜心事来加以表现。比如，有时候会发现明明有个妹子对你释放出了好感，下一秒又变成了高冷女神。又或者妹子心情不好又不表露，偏让你来猜，猜错了还不告诉你原因，让你抓心挠肝不知道如何应对。

从性隐藏的这个角度出发，我们还能破解女性的性高潮之谜。在进化心理学的专著中，是这样描述女性的性高潮的：女性的性高潮已经使男性惊恐、欣喜、不安并且困惑了几个世纪！

为什么会这样呢？

因为男性的性高潮非常明显，很容易实现，而且可以在功能性上找到过硬的依据，可以确保精子更好地受孕成功。但是女性的性高潮却很不明显，很难达到，而且也找不到功能性上的依据。即便是没有达到高潮体验，也不影响女性受孕。也就是说，如果女性没有进化出性高潮这种生理反应，好像也不影响她生儿育女。

这个问题也因此被进化心理学家视为难解的进化之谜。为了破解这个谜，进化心理学家绞尽脑汁，提出了多种解释。有的说，女性的性高潮是一种享乐机制，让女性甘愿为此承担后面怀孕、生育的一系列痛苦；有的说，女性的性高潮是为了更大限度地混淆父权，以博得多位男性的资源帮助；还有的说，这是为了筛选出最好的白马王子，只有那些能够让女性获得高潮的男性，才是最合适的人选；等等。

不过，这些解释都有失偏颇，不能获得一致的认可。但是，如果从女性的性隐藏策略角度深入思考，或许可以发现真相。

女性之所以要把自己的高潮隐藏得那么深，实际上也是进化为男性设计的一道终极关卡，男性必须拼尽全力才能通关。正因为女性高潮不容易达到，男性才会将此作为征服的目标，如果做不到的话会让男人自己有挫败感。当男人为了自己的颜面倾囊而出时，他在短时间内就没有能力再去外面拈花惹草了。否则，如果男人只需要蜻蜓点水般，就能够让女人获得高潮，他很容易再去寻找另一个有待征服的新目标。这样的话，女人就惨了，很有可能自己一个人扛起随之而来的怀孕和生育的重担。在原初社会，这是根本没有生存机会的。

所以，我们现在就明白了，女性之所以采取性隐藏策略，并不是为了拒男人于千里之外，而是为了更好地诱引，更好地筛选，让真正有资源、有实力，并且勇于担当的基因来和自己结合。从根本上来说，这也是一种自我保护措施。

不过，这种自我保护可能太厉害了，于是又出现了一件麻烦事。有社会调查说，很多女性有伪装性高潮的情况。这又是为什么呢？说起来有点悲哀，很长时间以来，社会都是由男性掌控的，女性处于弱势地位。很多男性没法真正让女性得到高潮体验，女性就不得不委屈自己，通过伪装高潮的方式来满足男性。这在某种意义上也反映了很长时间以来的两性社会地位差异。

尽管进化让女性发展出了性隐藏策略，但同时也让女性通过皮肤的颜色与光泽、走路的步态及穿着的暴露程度等细节来释放暗示的信号。比如，在临近排卵期，也就是生育能力最强的时期，女性的皮肤会变得红润，富有血色，看上去容光焕发。在这个时期，女性也更愿意穿上紧身的衣服，更短的裙子，并且比平时会暴露出更多的皮肤。所以，尽管女性没有发情期，但男人其实是能够隐隐约约地感觉到女性排卵期的。

处于排卵期的女性会分泌更多的性激素，临近月经期的女性，性激素的分泌就会逐渐减少。心理学家让十几个处于生理周期不同时段的女性穿上白色的棉T恤，在上面留下各自的体味。然后让不明内情的男性来评价每一件T恤带来的愉悦感和性感程度。结果，这些男人们一致认为，排卵期女性穿过的T恤闻起来最性感，最令人愉悦。

我们在前文提到过，处于排卵期的女性可以从T恤上的体味分辨出男性的男子气概。同样，男人也能从衣服上分辨出女性是否处于生育能力最佳的时期。

进化确实是极为高明、极为神奇的设计师，女性的性隐藏策略是一种适应，而男性也随之发展出了反适应机制。但归根结底，还是女性的隐性控制在发挥至关重要的作用。

我们把女性的这个神奇的秘密公之于众，是希望男性能够对女性的特质有更加深刻的理解。女性之所以要采取性隐秘策略来重重筛选，并不是要有意刁难男性，而是希望能够找到一个真正珍惜她、呵护她的好男人。如果你明白了这一点，女人心，也就不是难以捉摸的海底针了。

08 性感儿子假设：女人会和什么样的人出轨

在金庸的武侠小说《飞狐外传》中，有一个悲催的爱情故事。

江湖儿女马春花偶遇贵公子福康安，被福康安的魅力所迷惑，发生了一夜情，并怀上了福康安的孩子。福康安潇洒离去，马春花为了颜面，只好嫁给师兄徐峥。最终，徐峥为马春花而死，马春花也遭了福康安母亲的毒手。

这个悲情故事揭示的正好是进化心理学中女性愿意和什么样的男人出轨的话题。

其实，马春花的故事不仅发生在武侠小说中，也发生在现实中。

英国的两位生物学家在研究中发现，在英国，女性往往通过嫁给一位较低阶层的男性来获取他的资源，同时通过背叛她的丈夫，去获得一位较高阶层男性的基因。也就是说，英国的女性通常都与地位比自己丈夫高的男性发生婚外情。这和马春花的故事是多么相似。师兄徐峥为马春花提供了基本生活保证，而福康安则为马春花提供了所谓的优等基因。

在进化心理学上，这种现象被称为“性感儿子假设”。

根据这个假设，女性偏爱对女性富有吸引力的男性，愿意与他们发生短期性关系，希望通过这种方式生出拥有同样魅力的儿子，从而帮助儿子在未来也能拥有更大的择偶魅力。

在本书前面的章节中，我们曾经介绍过一个发生于1980年的著名心理学实验。心理学家用现实生活中与陌生人做爱来探测男女两性在性观念上的差异。实验在多个大学校园进行，实验人员主动与大学生搭讪：“我注意你好久了，我发现你特别迷人，你愿意今晚与我共度良宵吗？”结果75%的男性欣然接受了这送上门来的艳遇，而女性则没有一个人接受这种轻佻的邀约。在与陌生人发生性关系上，男女的态度差异之大令人震惊。

数十年来，这个实验结果在全球各地全部得到了验证。但是，当其中的一个条件改变之后，矜持谨慎的女性的态度却发生了颠覆性的变化。

2011年，心理学家把这个老套路玩出了新花样，把“完全不了解的陌生人”变成了好莱坞明星的名字。结果发现，如果发出性邀约的人是布拉德·皮特、约翰尼·德普这样的名人，女性接受艳遇的意愿程度就会大幅增加。而与此同时，原来如饥似渴的男性却变得含蓄起来，像安吉丽娜·朱莉和詹妮弗·洛佩兹这样的银幕上的大美人，并不比普普通通的邻家女孩更能激起他们的欲望。

整体来看，男女对明星的性邀约的反应差别大大缩小了。这到底是怎么一回事呢?

男人的冷淡反应其实很好理解。男人的自信源自自身的实力，面对那些鼎鼎大名的女明星，男人们觉得自己的经济实力、资源能力都不如她们，于是很自然地就感到了自卑。所以，男人们宁可与普普通通的邻家女孩约会，也不太愿意被女明星挫伤自己的锐气。而女人们面对英俊潇洒的男明星，之所以会态度大变，从门户紧闭到门户开放，就是因为“性感儿子假设”的缘故。

这些明星能够在激烈的竞争中脱颖而出，成为大众偶像，无论是身材颜值，还是社会地位，都是上上之选。他们的基因可以说是最有魅力的基因，对于想要寻求优秀基因的女性，正是最好的馈赠。

我们知道，女性在长期择偶时，重点关注的是男性的经济实力和社会地位等外在资源指标，并不太在乎他们的颜值、身材这些因素。但是，一项研究表明，当女性短期择偶时，她们对于男性的容貌吸引力却有着特别苛刻的要求。显然，这也是“性感儿子假设”在起作用。马春花之所以那么容易被福康安诱惑，很大程度上也是因为福康安风流倜傥，一表人才。

当然，男性的社会地位也是女性出轨的一个重要诱因。

不久前，美国总统特朗普的第一任妻子伊凡娜和现任妻子，也即是第三任妻子梅拉尼娅打的一场嘴仗可以为此添加一个有力的注脚。

伊凡娜和特朗普离婚已经有20多年了，但是在接受美国广播公司ABC的专访时竟然说她才是第一夫人。特朗普的现任妻子梅拉尼娅当然不干了，立即站出来说伊凡娜是为了给她的新书制造噱头才这么说的。伊凡娜既然和特朗普离婚，说明两个人之间已经没有什么爱情的火花了。但为什么事过多年后，还要来蹭热点，争夺第一夫人的虚名呢？显然，是因为特朗普从一个商人摇身一变成了美国总统，站到了社会阶层的巅峰。这对于既不缺钱也不缺名声的伊凡娜还是很有吸引力的。

心理学家还做过一项调查，从反面印证了女性在短期择偶时对男性的偏好变化。

研究者向参与调查的100多名女大学生提出了一个问题。当她们面对那些被拒绝了多次，但依然对自己提出约会邀请的男性，根据社会地位的高低，来判定对自己造成的困扰程度。结果表明，女大学生们觉得最让她们感到困扰的是建筑工人、垃圾收集工、清洁工和加油站服务员，而最不让她们感到困扰的是医学院的学生、大学毕业生和摇滚歌星。

看来，女性在面对异性的邀约时确实是看人下菜的。地位高的骚扰者，拥有更多的特权，更不容易激发女性的厌烦心理。

我们再来看看动物的反应。

研究者对一个日本短尾猿群体进行观察。这个短尾猿群体中有16只雄性的和26只雌性的。观察期间，这个群体中一共发生了240次交配行为。这其中，雌性短尾猿在交配中达到了性高潮的占比是33%。研究者对此给予了重点研究，结果有了一个惊人的发现，雌性短尾猿在与群体中占据社会支配地位的雄性短尾猿交配时更容易出现性高潮，尤其是当一个等级低的雌性短尾猿和一个等级高的雄性短尾猿交配时更是如此。

著名性学家金赛在对人类性行为开展大规模调查后，也发现了一个有相通之处的规律：女性与情人在一起时达到高潮的次数几乎是与丈夫一起时的两倍。前面我们已经说过了，男性在短期择偶时可以放低标准，但女性对于短期择偶的标准是很高的。金赛调查中的女性的情人，往往在社会地位、经济实力和容貌吸引力等方面胜过她们的丈夫。那么，金赛关于人的结论，其实也完全适用于短尾猿。

心理学家在对发生在汽车旅馆的幽会事件进行研究后，又发现了一个新的证据。女性往往选择在自己生育能力最强，最有可能怀孕的排卵期和情人幽会。在幽会的次数上，是生育能力最低的安全期的3倍。女性对于幽会日期的选择，很可能是无意识的，但这恰好证明了进化力量的无孔不入。

仅仅从进化的角度，对于一个女性来说，为了保险起见，最好是先找一个稳妥可靠的男人结婚，然后再伺机寻找一个具备更优秀基因的男人偷情，以便让自己的儿子日后也能拥有巨大的基因魅力。

当然，这是纯粹站在动物层面的理解。与此同时，男性为了确保自己的父权，也是不惜代价的。所以，女性的这种短期择偶策略其实是要冒很大的风险的。同样是外遇，女性承受的代价要比男性严重得多。这既有进化的原因，也有社会文化的原因。

在马春花的故事中，她的丈夫死后，她的情人福康安把她和她生下的两个孩子都接到了府中，马春花以为自己的春天真的到来了。但现实击碎了她的梦想，福康安其实要的只是那两个孩子，马春花最终被毒死。为了这一场艳遇，马春花付出了生命的代价，而福康安依旧过着他的富贵生活，仿佛马春花根本就没有存在过。

“性感儿子假设”是在提醒男人，尽管女人远远不如男人花心，但还是存在出轨的可能性的。如何预防亲密爱人潜在的出轨可能，可不是你每天查岗，或者杜绝她和周围一切男性接触就能实现的。

首先，你要不断努力提升自身的价值，让爱人觉得选择你就是选择了充满美好期望的未来。如果你觉得反正已经娶到手了，再也不追求上进了，那么，当你的妻子和你拉开差距的时候，潜在的危机就出现了。

其次，如果你已经很努力，也已经很成功，完全配得上妻子，那就需要深切关注女性的内心诉求。同样是金庸的作品《雪山飞狐》里还有一个故事，打遍天下无敌手的苗人凤的妻子南兰红杏出墙，改嫁江湖地位一般的田归农，就是一个很好的教训。

明明丈夫是大名鼎鼎、江湖地位崇高的侠客，南兰却选择了虽然有点小名气却没什么大作为的田归农，这是为什么呢？显然是因为丈夫醉心武学，对她关心和关注少了，才让田归农有机可乘。

所以，为了不让自己的头顶长满绿草，男性朋友们需要不断努力学习，自我提升，还需要了解伴侣的真正需求。

09　征婚悖论：不要以为相亲市场的女人都是挑剩下的

在阿里巴巴2017年度云栖大会这个高科技云集的大会上，那些很炫很酷的云计算、大数据、AI人工智能没有震惊世界，反倒是一位大妈震惊了世界。

这位大妈到底干了一件什么事呢？

原来，大妈跑到“黑客马拉松”蚂蚁开发者编程大赛会场的外面，直接就贴起了征婚广告。奇葩的还不是她的这个举动，而是征婚广告的内容。

征婚广告是这么写的：

爱女，1989年10月生，身高1.62米，杭州人，现在上海从事人力资源工作。端庄秀丽、温柔大方，人品绝对宽厚善良。想为女儿择一良人，要求年龄差5岁以内，本科以上学历，人品好，有上进心，性子踏实，沉稳、靠谱的程序员。我们家庭条件尚可，只要人品好，不强求男方经济条件。

这则征婚广告在进化心理学家看来，简直是逆天了。重点就是最后的那句“只要人品好，不强求男方经济条件”这句话，可以说是颠覆了我们一直在说的关于男女婚恋的最基本的进化规律。

我们先来看看，以前的征婚广告都是怎么写的。

美国在1939年的时候，就研究过男女对于择偶条件有什么不同的问题，发现女性对于配偶经济条件的重视程度是男性的两倍。后来，在1956年和1967年的研究中，这个结论得到了重复印证。

再后来，女权主义兴起了，妇女们要为自己争取独立自主的地位。人们想，是不是女性择偶时对于男性经济条件的要求就会降低了呢？事实表明，并非如此。在20世纪80年代做的调查中，女性对于配偶经济条件的重视程度仍然是男性的两倍。

心理学家又对报纸和杂志上刊登的征婚广告做了研究，发现女性在征求配偶时特别注重男性的经济资源。从具体的数额来看，女性征婚者对经济资源的要求是男性的10倍以上。

这是美国的数据。进化心理学家又在全球范围内做了调查，这次调查涉及六大洲和五个岛屿的37种文化，包括澳大利亚的沿海居民、巴西的土著、南非贫民区的祖鲁人，甚至还有来自实行一夫多妻制度的尼日利亚和赞比亚的人。总之，这项调查是一项特别广泛的研究，有1万多人参与了调查。

结果表明，在世界范围内，女性对于婚配对象经济资源的要求远远高于男性对于女性经济资源的要求。这是符合进化假设的，远古女性要承受体内受精、十月怀胎、哺育婴儿的重大负担，如果不选择资源丰富的配偶，是很难生存下去的。

但是，云栖大会上的这位杭州大妈却把这条全球普适的女性择偶规律给破了！她竟然说："我们家庭条件尚可，只要人品好，不强求男方经济条件。"

这到底是怎么一回事呢?

很多人首先会本能地想到，是不是这家的姑娘奇丑无比，才会这样放宽条件啊。从这位大妈现在的长相来看，年轻时也是个气质出众的大美女，她女儿的颜值应该差不了。可是，如果她的女儿真的"端庄秀丽、温柔大方，人品绝对宽厚善良"，为什么要把条件放低到简直没要求呢?

其实，奇葩的事并不止这一件，我们再来看另外一件奇闻。

据媒体报道，有这样一对姐弟恋：女方34岁，有过一段失败的婚姻；男方27岁，身材高大，一直是单身。小弟弟对大姐姐一见钟情，接着展开热烈的追求。大姐姐一开始是拒绝的，一方面自己比男方大不少，而且还结过婚，生过孩子，而对方却是个"黄花大小伙子"。

但是，大姐姐架不住小弟弟的穷追猛缠，终于同意了。两人相处了一段时间后，发现并不太合适，于是就发生了分手事件。结果，其中一方就向另一方索赔分手费。

大家往往会认为，肯定是女方向男方索赔，这符合我们的惯常判断。我们总是觉得，在一段没有走向婚姻的交往中，吃亏的一定是女方。但奇怪的是，在这个事件中，竟然是主动追求的男方提出了分手费的索赔，简直让人大跌眼镜。而且这男方的理由也特别奇葩，说是自己以前身体一直很好，但和女方同居后就莫名其妙地生病，医药费花了五千多，这钱得她出，还说："不给钱，我就不走，你走到哪儿，我就跟到哪儿！"

这都是哪儿跟哪儿啊？听上去，这男的就跟某些女的一样。其实，如果把这两件事放在一块儿看，我们就能看出一些端倪了。

在我国，因为计划生育政策，很多家庭的子女是独生子女。而在中国的一些古老传统习俗中，家庭财产一般是留给儿子的，但只有一个女儿的家庭，财产就只能留给女儿了。前面提到的那位大妈说自己家庭条件尚可，其实是一种谦虚的说法。媒体还报道过另外一个为独生女儿征婚的大妈，这位大妈就不那么含蓄了，一上来就说家里有五六套房子，什么也不缺，就是要找一个人品好的毛脚女婿。

进化的规律是建立在女方缺乏丰饶的物质条件这个大前提下的。现在，这个大前提在我国当下的环境中已经不存在了，规律自然也就失去了效力。

我们还可以从一个社会对于女性贞操的重视程度来审视这个问题。一般而言，在全球范围内，大部分国家和文化是很重视女性的婚前贞操的。但是唯独瑞典是一个例外，在瑞典，人们并不反对婚前性行为，几乎没有一个瑞典女性在结婚时还保持着处女之身。

这是为什么呢？

我们知道，从进化心理学来看，女性之所以要严格保留自己的童贞，就是因为男性出于父权不确定性的担忧。而男性又往往处于主宰的地位，女性不得不按照男性的要求行事，以获得足够的生存资源。女性越是不能独立，就越是要为男人守贞操。

但是，在瑞典，社会福利制度好到让人羡慕嫉妒恨，包括儿童的日常照管、长时间的带薪产假以及其他很多的物质性帮助，足以让一个女性毫无后顾之忧地独自生活，独立抚养孩子。瑞典女性最幸福的就是，她们几乎完全摆脱了对男性的经济依赖。从某种程度上来说，瑞典政府就是瑞典女性的大半个丈夫，为她提供了她所需要的绝大部分物质资源。既然瑞典女性可以不靠男人而生活得有滋有味，她们凭什么要按照男性的意志来约束自己呢？

瑞典女性的这个例子和杭州大妈为女儿征婚的事情在本质上是一回事。女性强大了，女性独立了，男人的地位就弱化了，男人的作用就减小了。

这是从女性的角度来看的。从男性的角度，我们也可以看到，一些男性已经日渐接受了女性在经济上的崛起与独立，甚至会觉得万一好事没成，自己是吃亏的一方，还提出了索赔的要求。但是，也并不是所有的男性都看到了这种趋势和变化。有一个不知死活的臭小子在网上发布了一则征婚广告。

这个臭小子年龄37，年薪30万元，有房有车，身高一米七二。想要征求28岁以下，身高一米六五以上，皮肤白皙，长相漂亮，身材好，工作稳定，性格温柔，不计较，不喜欢泡夜店的对象。

这些条件听上去倒也不算离谱，但后面的附加要求立马让网友们炸锅了。

臭小子说：婚后男方的钱和卡不会上交，但是包水、电、暖、物业费，另外还给女方500块钱家用。逢年过节、过生日会送礼物，平时女方的花销自己负责。女方要是生病，男方负责一半的医药费。另外说自己的应酬多，一周有三四天有牌局，零点回家，婚后也不会有太大改变。而且女方要包所有家务，特别是做饭要做得好吃。

网上顿时骂声一片。有的说，家用500块，你让女方天天给你买啥菜？青菜，还是挂面？有的说，别说是烧饭了，还要女方承包所有家务，去劳务市场问一问，500块钱能请到的保姆在哪里？如果有，请给我们来一打！有的说，一周7天，有三四天要出去打麻将，不到凌晨不回家，结果不许女方出去玩？难怪要求女方温柔、不计较！

最富有理性的一条回应是这样的：其实对女方来说，在乎的不是那几个钱，钱我们自己也会赚，衣服我们自己也会买，结婚是因为我们相爱！可在你的帖子里，我们感受不到丝毫的爱意！

这个小子可能真不知道，现在的女孩已经不一样了。他的思想还活在封建社会，他可能还不知道，大清已经亡了。

这一说起大清，不由想起了慈禧太后。据说，慈禧太后当年入宫的时候，看到皇宫中所有的图案都是龙在上，凤在下，很不服气，说将来一定要让凤在上，龙在下。后来发生了什么，我们都知道了。前面那个还活在大清的臭小子，要是叫慈禧太后知道了这档子事，还征什么婚啊，先拉下去打三十大板再说！

这当然是开个玩笑。但要特别说明的是，世界已经不一样了，女性崛起的时代到来了。尽管还是有一些能力很强的女人依然延续过去的思维，想要通过主动相亲的方式来找对象，但是，等到她们真正明白完全靠自己也能很好地生活的时候，男人们的好日子可就到头了。

所以，男人们从现在开始，就要做好足够的心理准备，有车有房有钱，并不一定能找到心仪的对象，还是好好想想怎么来哄女神开心吧。

10 预期理论：女人想要的爱情是什么样子的

有一段时间，“忠诚协议”这个词特别火，接连出了两条大新闻。我们来看看，夫妻之间为什么要签忠诚协议？忠诚协议对于维护亲密关系到底有没有用？

第一条新闻：一对夫妻感情不和，丈夫到法院起诉要离婚。提交的证据中有一份忠诚协议，上面写着夫妻双方对家庭的各项承诺。关于离婚，有明确的约定，说为了防止发生“某些不好的事情”，男方承诺，如果在他没有出轨的前提下提出离婚，要赔偿女方现金500万元。如果男方既出轨又提出离婚，则应赔偿女方现金1000万元。而女方的承诺是今后将关心和爱护家庭，用家庭幸福巩固爱情。

但是，这份忠诚协议显然没有发挥作用，夫妻两人还是把离婚闹到了法庭上。丈夫觉得很不公平，自己当初写下承诺时仅仅是为了缓和矛盾，如今却成了离婚的最大障碍。他觉得自己明明没有发生那些“不好的事情”，竟然也要赔偿500万元，是说不过去的，所以请法官为他做主。

第二条新闻：一对情侣要结婚，约定好在“双11”这天去领结婚证。结果女方拿出一份忠诚协议，要男方签字，不签字就不领证。协议共3页，包括5大条共18小条规定和守则，具体有：

> 约定男方婚前所有个人财产在领取结婚证后都归为夫妻共同财产；
>
> 每月工资发放后由女方给男方发放零花钱，由女方决定零花钱的数额及是否可以超支或预支；
>
> 双方结婚后，对于生育和教育问题，以女方意见为主；
>
> 婚后男方从父母方受赠、继承得到的财产都视为夫妻共同财产，且要在房产证上加女方名字；
>
> ……
>
> 如果男方违反守则中任意一条，女方有离婚的权利，且离婚后，男方必须自愿放弃夫妻共同财产份额，净身出户，并且在离婚后赔偿女方120万元，一年内付清。

这份协议，用词严谨，环环相扣，把婚后所有可能出现的情况都写进去了。据说，这份协议是女方一位学法律专业的闺蜜帮助起草的，可谓用心良苦，滴水不漏。

男方看了这份协议，当场就傻眼了。最终的结果是两败俱伤，男方决定不结婚了。

大家对这两条新闻中的女性的评价都是负面的。要么说这个女人太贪钱了，要么说这个女人怎么这么作，把好端端的婚姻大事搅黄了。

但是，女人真的贪图钱财吗？女人为什么要这么作呢？这两个问题最终可以归结为，女人为什么这么在乎承诺，女人在婚姻这种亲密关系中到底要什么？

进化心理学的研究表明，对女性最有利的情况是：一个很爱她的男人愿意为她和她的孩子倾其所有。而对男性最有利的情况是：对每个女人只投入一部分资源，剩下的资源用于解决其他的问题，比如去寻找其他的配偶或者用于获得更好的社会地位。所以，两性承诺的指向是很不一样的。

前面所说的这两个案例，确实是特例。但是，反映的现象却是一般性的规律。现在的离婚率越来越高，婚姻带给女性的安全感确实太少了。所以，女人想要的还真不是钱，钱只是她们退而求其次的选择，她们真正想要的是安全感。而那个很作的女人，无非也是用一种离谱的方式来追求婚姻的安全感。

事实上，与财产承诺相比，女人更在乎的是情感承诺。情感承诺，用大白话说，就是甜言蜜语，女人其实是很吃这一套的。说到这里，要敲一下黑板，男人一定要听好了。

女性特别讨厌男性不肯轻易表露自己的情感。

心理学家做过一项调查，在新婚夫妇中，有45%的女性抱怨丈夫不对自己表达爱意。而约会的时候，只有25%的女性会有这样的抱怨。男人其实并不是完全不懂得对伴侣说甜言蜜语，在约会阶段，他们的伴侣还没有答应和他们结婚的时候，再笨的男人，都会哄女人开心，让女人对自己放心，这就是情感承诺。但是，结婚之后，男人们往往觉得大功告成，就用不着再说甜言蜜语了。可是女人不这样想，女人的不安全感会经常在心里泛起，她们特别需要男人不间断地对自己表达情感，不间断地对自己承诺会永远爱她。如果男人懂得女人内心的这种需求，给予充分的满足，女人根本不会想到索取物质承诺来确保安全。如果男人不这样表情达意，女人可能就会产生一种上当受骗的感觉，从而对男人在约会、求婚阶段的承诺产生怀疑，这样就会加剧女人的不安全感，女人就会索要更多的保证与承诺，而男人则会觉得不胜其烦。于是，恶性循环就这样产生了。

所以，男人要切记，当亲密关系以婚姻的方式固定下来之后，一定不要忘了继续哄你的女人开心，通过语言上的安抚，让她安心。

除了“哄”，男人还需要通过一种方式来体现自己的承诺。

我们知道，进化赋予女人的本能是选择那些实力雄厚的男人做伴侣。但是，对男人来说，财富地位都需要时间的积累才能获得。在二十岁出头的时候，绝大多数男人处于一穷二白的状态。在男人最缺乏经济实力的阶段，女人会被你的情感承诺打动，最终勇敢地嫁给你。但是，如果你在结婚之后，不再努力上进，不让女人看到未来的希望，女人心里的不安全感立即就会汹涌澎湃起来。对女人来说，这可是另一种形式的上当受骗，她会怀疑自己是不是看走了眼，选错了人。

美国曾经对5000名大学生做过调查，要求他们列出对未来配偶的品质要求。结果，女性比男性更多地要求配偶热爱工作、勤奋，并且有抱负。在我国台湾地区和保加利亚、巴西做的类似调查也都印证了这一点。

可以说，女人希望自己的男人更有出息，在社会竞争中赢得更高地位的预期在全世界范围内都是共通的。她之所以会在你还不够有出息，社会地位还不够高的时候选择你，就是这样的预期带给了她必要的安全感。一旦女人觉得男人和她的预期不一样，而男人又不再给予情感承诺和努力上进的表现，她就会觉得心里发慌，就会通过“作”的方式来提醒，来争取，来威胁。

当然，现代女性中也有一部分经济条件特别好的，她们的安全感会强很多。这时候，她们的择偶要求就不太一样了。她们往往会说，我对男人也没啥要求，只要人好就行了。这个人好，其实就是对我好就行了。或者说，人好，其他的条件我就不在乎了。如果人不好，其他的条件我就会特别在乎。

这个标准的背后是一种优越感，意思是我什么也不缺，其实不需要你为我做什么，只要对我好就行了。这看起来是最低标准，其实也是最高标准。由于生理上的差异，女人的繁殖价值很快就会随着时间的流逝而消失，而男人直到古稀之年依然具备生育的能力。条件优渥的女性，之所以要找对她好的男人，还是希望男人能够给予她安全感。从这里也可以看出来，女人需要的安全感，并不仅仅是物质上的安全感，更是心理上的安全感。

有一项研究，对2000条征婚启事进行分析，发现女性最频繁地提及的对配偶的唯一要求是真诚。

真诚是什么？

真诚是承诺的一个代码，女性用这个代码来排除那些只是为了寻欢作乐、不会做任何承诺的男人。

一首老歌中有这样一句歌词："怕自己不能负担对你的深情，所以不敢靠你太近。"那个年代，男人们都很有自知之明。木心写过一首诗，说："从前的日色变得慢，车、马、邮件都慢，一生只够爱一个人。"

那个年代，人们特别珍惜爱情；那个年代，好像没有女人要求男人签署忠诚协议；那个年代，很少看到作的女人。而现在，很多东西都变了。当男人不能给予女人充分的安全感，不能满足她们的预期，不能以一生为期限来付出深情的时候，你怎么能责怪女人要求得太多呢？

其实，女人真正想要的并不多。你只要学会哄她，努力勤奋，这就够了。这就是女人想要的深情，你有吗？你愿意给她吗？

两性篇

Gender

解决沟通问题

01 爱情长跑危机：两败俱伤的不公平竞赛

在现代两性关系的语境中，爱情长跑已经是一个特别常见的词了。在各种媒体上，也经常能够看到某某明星和女友或男友结束爱情长跑，终成眷属的报道。然后是一堆不明真相的人的热情赞颂和猛烈祝福。人们一说起爱情长跑，觉得好像是一件天大的好事，其实这是一个非常大的误解。

你看到的那些修成正果的爱情长跑，其实只是凤毛麟角，绝大多数的爱情根本经受不住长跑，因为从进化心理学的角度来看，爱情只有短跑，没有长跑；只有冲刺快跑，没有安步当车。

我们常说，爱情一般分为一见钟情和日久生情两类。在一见钟情中，往往是相互间的荷尔蒙对上暗号了。而日久生情，生出来的并不纯粹是爱情，而是有相当分量的亲情存在。如果两个人以一见钟情开始，却一直没有结婚，只是以爱情长跑的名义在一起，那么，最终两个人之间的感情更多的就变成了亲情。也就是说，在长跑的过程中，爱情早就跑丢了，很多情侣也就一拍两散了。这些导致散伙的长跑，大家慢慢就不记得了。而那些还没有分手的长跑，两个人在一起的时间久了，相互习惯了，形成了依赖，也就很难分开了。但这并不意味着长治久安，当新的有魅力的异性出现，再次引发其中一方的一见钟情后，哪怕跑得再久，这对搭档也还是会散伙。

好莱坞明星布拉德·皮特和詹妮弗·安妮斯顿坠入爱河后，花了1350万美元，在比弗利山庄买了一栋豪宅。那可是在1998年，20多年前的1350万美元，按照购买力平价换成今天的数字，价格还要惊人。这栋豪宅占地面积为1100多平方米，整个装修工程耗费了两年时间，而且还在里面新建了一所幼儿园。这一切迹象表明，皮特和安妮斯顿是计划要天长地久的。但是7年之后，诅咒般的“七年之痒”如期降临，皮特和另一位女明星安吉丽娜·朱莉在拍摄电影时再一次一见钟情。于是在2005年，皮特和安妮斯顿离婚，和朱莉结婚。

皮特和安妮斯顿可是结了婚的，都经不住新的一见钟情的诱惑。你们只是没有任何名义的爱情长跑，怎么可能不出意外？

2016年9月，皮特和朱莉在结婚11年后，再次以离婚收场。后来爆出的八卦新闻说，皮特表示自己人生最大的错误就是离开了前妻安妮斯顿。可是，这个时候已经覆水难收，安妮斯顿早已另结良缘了。可见，皮特和朱莉的一见钟情也没能维护住他们脆弱的爱情。皮特之所以怀念安妮斯顿，怀念的很可能是日久所生的那份亲情。所以，日久生情并不能完全阻止男人出轨，也许他的身体还留在家里，留在妻子身边，但他的心早就放飞自我，去寻觅新的一见钟情了。

从两性生理的差别来看，爱情长跑对女性尤其不公平。

男性拥有生育繁殖能力的时间跨度特别长，即便年逾古稀，也可能繁衍后代。比如，著名的孔子，母亲怀他的时候只有18岁，而他的父亲已经70岁了。有一则新闻说，有个老中医年近八旬，他的新任妻子比他小了43岁。两人婚后生下一个儿子，村里人都嘲笑说这肯定不是老头的“功劳”，还有的人怀疑年轻的妻子是为了骗取老头的财产才故意和他结婚的。夫妻俩只好去做了一个亲子鉴定，鉴定明确了孩子是老头的亲骨肉，但是喜欢造谣的人又开始说鉴定报告是假的。老头一怒之下，又和妻子生了二胎。第二个孩子一出生，所有的谣言就不攻自破了。这个有点黑色幽默的真实故事告诉我们，就生育而言，男人的生理优势是多么巨大。但是女人就不一样了，女人一般在45～55岁进入绝经期，就不太可能再生育了。

我们在前文说过，在择偶中，男人倾向于选择年轻漂亮的伴侣，而女人倾向于选择实力雄厚的伴侣。我们可以设想一下，当一男一女开始爱情长跑的时候，男人往往是他这一生中经济实力最弱的时候，而女人却是她一生中颜值最高，身体状态最好的时候。随着爱情长跑的持续，男人慢慢跑出了资产，跑出了地位，跑出了能力，跑出了自信，而女人却慢慢跑丢了青春，跑丢了容颜，跑丢了机会，跑丢了淡定。

这显然是一场很不公平的比赛。在择偶上，男人是时间的朋友，就像酿酒，越久越香。女性却是时间的敌人，就像枯草，越来越枯萎。两者之间的差距越来越大，最后还能有什么好结果呢？

在爱情长跑中，往往不会考虑生孩子。而这一点，又是对女人的致命伤害。

在鸟类中，斑尾林鸽是一种实行一夫一妻制的鸟儿。但是它们的离婚率也不低，一般在25%左右。是什么导致了这些鸟儿离婚呢？主要的原因就是在繁殖季节没能够生儿育女。

人类离婚的情形和斑尾林鸽有很多相似之处。不能或没有生育子女，更有可能导致夫妻离婚。联合国对45个国家的100万人进行调查后发现，39%的离婚发生在没有孩子的夫妻之间。而当一对夫妻有了一个孩子，离婚率就下降到了26%；有了两个孩子，离婚率就下降到了19%。如果一对夫妻生了4个以上的孩子，离婚率就低于3%，几乎可以忽略不计了。

在日本的一些村庄里，很多情侣在举办了婚礼之后，要隔很长的时间，直到第一个孩子出生，才会去政府部门登记。这实际上是以有没有孩子来确认婚姻是否成立。

所以，普遍地说，孩子是增强婚姻关系的纽带，能够极大地降低离婚的可能性。

但是，在爱情长跑中，女人的年龄越来越大，日渐错过了生育孩子的最佳时间。其实女人也知道这是对自己不利的。但是，每个人都普遍存在认知上的投入陷阱，你会为一件已经投入了很多时间、精力和资源的事情投入更多，而不是当机立断地快速止损。女人们往往会想，我已经在这个男人身上投入了这么多年华了，如果现在放弃，是不是太可惜了。就是这一念之差，让女人一直被动下去，无法摆脱陪跑的身份。

也许有人会说，两个人如果不磨合一下，怎么就能知道彼此是最合适的灵魂伴侣呢？万一性格不合怎么办呢？结了婚不是也有离婚的吗？

其实，性格不合就是一句鬼话。世界上没有两个人是性格合的，就像从来不会有两片一模一样的叶子一样。两个情投意合的人，要想长相厮守，唯一的办法就是相互宽容和妥协，在相处中学习如何相处，而不是非得磨合到彼此完全契合才能结婚。但凡正常的人，都会在长期的相处中磕磕绊绊，然后相互寻找和谐。

如果男人以此为由，要将爱情长跑进行到底，作为女人，还不如快刀斩乱麻，早点分手为好，哪怕他各方面的条件再好，也不要心存幻想。和一个长跑了好多年却总是缺乏担当来给出爱情承诺的男人在一起，最终是悲剧的可能性非常大，因为他很可能是一个没有责任心的男人。而进化一直在告诫女人，责任心是选择伴侣最重要的指标之一。

所以，女人应该把3年作为一个边界。无论如何，亲密相处3年，如果没有特殊情况，足以看清楚一个人了。女人所要提醒自己的是，不要被情所困，瞻前顾后，以至于付尽深情却颗粒无收。

话又说回来，在爱情长跑中以分手结束的情侣中，受到伤害的其实也不仅仅是女人。女人可能伤痛于一时，但男人在寻寻觅觅之后，往往会觉得还是原来的女朋友最适合自己。就像前面提到过的好莱坞明星皮特一样，兜兜转转，又开始想念起安妮斯顿的好了。这也许是很多男人的通病。拥有的时候，不那么珍惜，等到失去了，却已经无法回头了。

这样看来，爱情长跑其实对男女双方都没有什么好处。越是不敢及时用承诺来固定这段感情的人，距离真正的幸福就越远。

02 热带大草原假设：旅行是检验真爱的最佳方式吗

如果搞一个关于爱好的问卷调查，大多数人会填上“旅行”这个选项。

旅行，往往是要去游山玩水。对于生活在钢筋水泥丛林中的都市人来说，这是亲近自然的好机会。但是，当一对已经处于亲密关系之中的情侣或一对将要踏入亲密关系的交往对象相约去旅行时，却很容易产生很多意料不到的矛盾与争议。这正好说明了男女两性存在着在进化中形成的共性与差异。

首先来看，人们为什么喜欢旅游？这个问题的答案其实和江景房的价格为什么那么高是一致的。

江景房视野开阔，一览无余，正好符合人类隐藏在基因中的对于栖息地的基本要求。

在进化心理学中，关于人类对于居所的偏好，有一个热带大草原假设。学术界普遍认为，现代人类的始祖是生活在非洲大草原上的智人。虽然现在在我们的印象中，非洲已经成了大沙漠，但在数十万年前，那里还是水草肥美的好地方，有丰富的动植物资源，可以供人类的老祖宗们采集、打猎，获得生存所必需的资源。因此，这种对于类似于非洲大草原的环境的偏好就留在了基因之中，代代相传。

心理学家做了一项研究，让分别来自澳大利亚、阿根廷和美国的参与者评价一组在非洲肯尼亚拍摄的照片。这些照片的每一张上都只有一棵树，但是树荫的形状、树荫的稠密程度、树干的高度和树枝的形状都不一样。结果，这些来自不同大洲，文化背景完全不一样的参与者们，不约而同地对同一张照片给出了最高的评价。这张照片上的树，树荫稠密程度适中，树干分为两个分支并且比较接近地面，这是典型的大草原上的树木。在这样的环境中，人们既可以得到环境的庇护，又可以及时发现环境中的危险因素，从而具有很强的安全感。而那些树荫不足或太过稠密的树木，则被这些参与者打了差评。

这项研究告诉我们，尽管人类走出非洲已经千百万年，但经过基因的传承，世界各地的人们对于大草原的环境依然有着同样的偏爱。

根据热带大草原假设，人们在选择自己的居所时，一开始完全是本能的反应。毫无遮掩的开放式环境是不会考虑的，完全封闭的大森林因为妨碍了人们的活动和视野，也会被放弃。江景房之所以大受欢迎，就是因为视野开阔，没有遮挡，而房子本身又能提供良好的庇护。

其他的一些研究也表明，自然环境总是比人造环境更受欢迎。如果人造环境中包含树木和其他植物时，人们对环境的好感也会增加。事实上，这是人类基因的怀旧行为。由此，我们也明白了为什么绝大多数人喜欢旅行，因为旅行给了人们一个回归自然的机会。

但是，男女两性对大自然的感觉是不一样的，从而在旅行中也会表现出不同的偏好。这也和人类老祖宗在千百万年前的性别分工有关。男性老祖宗从事的是打猎的工作，他们跟踪猎物、伏击猎物，往往需要离开熟悉的地域，到陌生的环境中。为了更好地生存，他们必须保持探索陌生环境的警觉，并发展出相应的能力。而女性主要从事采集工作，一般不会离家太远。同时，女性还要承担照顾家庭和孩子的任务。所以，女性倾向于将自己的小环境整理得舒适、洁净。

这两种偏好经过自然选择固定在基因之中，其影响是根深蒂固的。所以，我们经常听说，情侣们出去旅游，往往发生这样的争执：男人们觉得出来就是来玩的，只要玩得开心就行了，至于吃的东西、住的地方，凑合一下也不要紧。男人心目中的“玩”，实际上和当年老祖宗的打猎差不多。打猎的时候，哪里还能顾及过程的舒适呢？只要好玩，也就满足男人的探索欲望了。但女人不同，自然环境激发了女人的浪漫情怀，女人们出来玩就是为了享受而来的。她们不太会像男人那样注重环境中的危险因素，千万年前的女性就用不着这样做，只要找对了男人，安全保卫就是男人的职责了。所以，女人会特别讲究吃得好，住得舒服，而且还需要一些浪漫的交流。

如果男女双方对旅行唤起的基因记忆存在着性别差异不了解的话，就很容易发生相互不理解的争执。对于已经处于亲密关系之中的情侣，这可能会伤害感情。而对于正处于追求阶段的交往对象，这很可能会引发更严重的后果，有可能就没法将恋爱进行到底了。所以，男女双方要懂得理解差异，站在对方的立场来调整控制自己的想法，争取让旅行为情感加分，而不是相反。

旅行在将人们拉回到久违的自然环境中的同时，也将人们带入一个陌生的情境。这种既熟悉又陌生的特殊情境，也为交往中的情侣提供了一个甄别真爱的机会。

一方面，人们因为进化记忆的缘故喜欢大自然的环境，从而在大自然中感到放松惬意。处在这种状态中的人们，会不由自主地释放自我。以前在都市中、职场上的各种压力，都会得到释放。人们往往会主动地卸下面具，展露出真实的自我。另一方面，旅行将人们带入的是一个陌生情境，整个过程并不像日常上班那样，具备相当大的确定性。旅行中，往往会遭遇一些困难，发生一些意外。这些让人猝不及防的环节，也会让人卸下自我防御，把自己真实的一面展现出来。

女性择偶的标准是寻找有良好经济实力、对自己和未来的家庭有付出意愿的男性。而男性为了传播基因，本质上是希望将年轻漂亮的女性作为伴侣。两者之间存在着相互适应的博弈过程。男人们为了赢得女神的欢心，往往会采取一些伪装性的策略，比如假装自己很有钱，假装自己有很好的社会地位，当女朋友在场时，会对小孩子特别有耐心，等等。在平时的环境中，女人往往不能很好地辨识出男人的这些伎俩。我们经常会在新闻报道中看到一些爱情骗子频频得手的消息，而且往往是一个骗子同时骗了好多个女人，不但骗色，而且骗财。

但是，当两个人外出旅行的时候，伪装的难度就大多了。两个人相处的时间长，面对一些突发情况，男人往往不能事先准备好对策或说辞，女性如果具备警觉性，就比较容易看到男人真实的一面。他的经济实力怎么样，可以通过购物、吃饭等消费行为来辨识。他是不是真的贴心，可以从出行中遇到困难时的细节反应看出来。而对那些真心诚意的男人来说，旅行则为他提供了最好的展现真我的机会。有些事情，在日常生活中受制于情境压力，可能不好意思表达或行动，在旅行中，就不用顾忌他人的看法了，可以大大方方地帮助女生，上坡的时候拉一把，下山的时候扶一把，鞍前马后，多做一些贴心的服务，让女生感觉到你确实是一个充满爱心、乐于付出的男人，从而放心地把终身托付给你。

所以，旅行确实是一项很好的现场版的人格特质测试。有句俗话说，男怕入错行，女怕嫁错郎。其实男人也怕娶错媳妇。两个不合适的人走进婚姻，对双方都是巨大的伤害，都要付出巨大的代价。为了避免这一最差结果，现在有一种做法已经被很多年轻人接受，这就是试婚。试婚打着一个动人的口号，如果两个人没有在一起生活过，怎么能真正知道是不是合适呢?

试婚试的是什么？无非是想准确了解配偶的人格品性到底怎么样。但是试婚的代价是很大的，如果试完之后，发现不合适，损失惨重。而且，也不能排除有的男人打着试婚的旗号来寻欢作乐，玩弄感情。相对而言，旅行就是一种低成本的测试，男女双方都可以在旅行中强化对对方的观察与了解。

当然，两个人的旅行一般是结婚后的蜜月旅行。但是，如果在蜜月旅行中发现对方并不合适的话，也是木已成舟，难以挽回了。所以，旅行测试应该把时间前置。但也有一些女性朋友会担心，旅行测试如果是在确定关系之前进行，会不会发生越界的行为。如果你了解一些进化心理学的知识，就会知道这种担心是可能存在的。我们早就知道，男人更容易自作多情，更容易想歪，把女性正常的友好表示当作主动示爱，从而采取更大胆的行动，以免错过可能的机会。当两个人相约去旅行的时候，男人确实更容易将其看作是女方已经完全接纳自己的一个积极信号。为了消除误解，女方可以事先挑明自己的底线和立场，这也是观察对方反应的好机会。或者，为了确保自己的安全，女方也可以邀请一位闺蜜和自己同行。这样，就等于明确发出了考验的信号，男方如果意识得到，并积极表现，愿意主动弥合两性差异带来的分歧，至少说明他的情商较高，能够辨别女朋友的情绪变化。如果男方不能控制自己的情绪反应，表露出烦躁或不满，说明他比较以自我为中心，不太会顾及他人的感受。那么，结婚之前就是这样的表现，结婚之后的表现也就可想而知了。

总之，旅行能够唤醒人们的基因记忆，也能够让人放下防御而呈现真实的一面。恋爱中的男女，如果能够合理利用旅行测试，确实有助于找到真爱。

03　魅力认同悖论：如何回答“有过几个前任”这道“送命题”

男女两性在交往中，两情相悦的时候，往往会提到一个敏感的问题，这个问题就是：你曾经有过几个前男友或前女友？

这个让人浑身尴尬的问题，实际上是一个非常关键的问题。提出这个问题的时机，往往是双方已经有了明确的长期交往的意愿了，因为这个问题事关隐私。如果两个人的情感火候还没到，是不敢提出这个问题的。只有觉得对方基本上属于自己了，才有把握来提这个问题。但是，事情总有两面性。如果这个问题回答得不妥当，有可能让已经升温的感情迅速降温，甚至可能导致分道扬镳。

为什么会这样呢？

进化心理学告诉我们，所谓爱情，实质上是男女双方对于对方所拥有资源的一种垄断性方式。男人希望独占女人的生育资源，女人希望独占男人的经济资源。在这个问题上，无论男人，还是女人，都是眼里揉不得沙子的，都不希望和别人分享自己的伴侣以及伴侣的资源。这也正是性嫉妒会产生的原因。

相对而言，男性的性嫉妒强度要比女性更强烈。男人尤其不愿意自己钟爱的对象曾经和别的男人有过亲密关系。所谓的处女情结，甚至让人无法接受的贞操带，等等，背后都是男人的父权不确定性心理在作怪。而女人对于男人的过往情史要宽容很多，但也绝不是毫不在意。这和男女双方所拥有以及各自所在意的资源的不同有很大的关系。

从亲密关系的视角来看，女人的资源是她本人，而男人的资源则是身外之物。所以，男人更在意女人有没有和别的男人有过亲密关系，和多少个男人有过亲密关系。而女人则更在意男人有没有将自己的资产与别的女人分享，至于男人有没有和别的女人发生关系，并不是排名第一的衡量标准。如果男人没有让财物外流，女人对于男人的拈花惹草、逢场作戏很可能是睁一只眼，闭一只眼。当然，这是由进化在基因中埋下的密码决定的。随着社会的进步，人类文明程度的提高，女性日渐变得自尊和独立，不再那么在乎男人的经济资源，从而也对爱情提出了更高的要求，更加不能容忍男人的外遇和出轨。

所以，现在的男男女女，从根本上说，都是希望自己的伴侣没有任何前任的。但是，问题又来了，现代人情感奔放外露，发育早，成熟早，交往早，情史往往比较复杂。社会舆论的包容度也比以前大了很多。这就形成了一个矛盾。当被问到你曾经有过几个前任的时候，到底该怎么回答呢？理论上应该回答“从来没有过，你就是我的初恋”。但这摆明了是欺骗，就算是傻子也很难相信，所以这并不是最佳答案。但如果数量很多，又如实回答，让对方觉得你很花心、很滥情，恐怕也会引发灾难性的后果。

那么，究竟应该如何来回答这个尴尬万分的敏感问题呢？

其实，我们没有必要刻意撒谎，洗白自己，把自己的过往情史撇得一干二净。因为，你曾经拥有的异性伴侣的数量，在某种程度上也是一个信号、一个标志，可以间接表明你作为一个性伴侣的魅力指数。

一个人到底有没有魅力，可不是一道数学题，是很难用客观量化的公式来计算衡量的。在这样的情况下，其他人的看法或意见就变得很重要了。这种看法或意见其实就是用行动投票，如果曾经有人喜欢过你，选择你作为他/她的伴侣，那么，在某种程度上，就说明你是有魅力的。如果从来就没有人喜欢过你，你一直处于单身状态，那么，作为伴侣的候选对象，你可能在某些方面存在不足，否则，为什么大家都不选择你呢？用俗话来说就是：“群众的眼睛是雪亮的。”当没有客观标准的时候，从众就是最保险的选择。

研究表明，这样的做法在动物身上有着明显的体现。一些雌性物种，比如孔雀鱼、鳉鱼、黑松鸡、日本鹌鹑等，往往利用其他雌性的选择来判断雄性的遗传品质是好还是不好。这是因为，雄性的某些繁衍价值或生理特征只能向其配偶展示，其他动物是很难知道真相的。所以，雌性之间就采取了相互模仿的方法。一个曾经拥有过配偶的雄性，更能获得另一个雌性的认可，因为已经有前任做过质量检查员了，说明这个雄性是够资格的。

人类也是一样的。心理学家做过一项研究，当女人在看到别的女人对一个男人露出微笑后，往往会认为这个男人更有魅力，这就是人类根深蒂固的本能反应。在原初社会的恶劣环境中，那些特立独行的人往往得不到群体的支持而被淘汰，从众随大流的基因则源远流长。在大多数的情境中，从众也许不是最佳的选择，但往往也不是最差的选择。如果有一个女人会对这个男人微笑，大致可以说明她了解这个男人的某一个良好特征。做出这样的推理判断，显然是具备一定的可靠性的。

心理学家利用这一研究成果，为那些急于找到伴侣的男人支了一个招儿。当他要去参加派对或去酒吧消遣的时候，不妨带上一名女伴。在整个过程中，让这位女伴好好配合，不管这个男人是讲笑话，还是做别的事，她都要一边点头，一边微笑，这样的举动，就像是老师在给学生批改作业时打五角星一样，表示强烈的认可。这样做，实际上就是给这个男人真正想要追逐的目标——心仪的女神做一个示范。如果这位乐意当托的女伴本人是一名很有魅力的女士，那么，烘托效果就会好上加好。

显然，其他异性的反应，是判断一个人是否具有魅力的重要标准。知道了这个道理，当被问起你曾经有过几个前男友或前女友时，就不会被吓出一身冷汗了。

当然，你曾经拥有的前任数量也不是越多越好，这可不是竞选美国总统，靠票数多制胜的。这是在选择长期伴侣，如果你的前任多到数不清，尽管这可以说明你的魅力，但别人也会对你的忠诚度、专一度打上问号，你是不是一个滥情的人？甚至会质疑，你是不是一个感情骗子，专门骗财骗色？

在新闻报道中，关于感情骗子的报道很多。这类感情骗子大多以男性为主。最近看到的一条新闻就是，一个渣男，脚踏好多条船，竟然骗了几十个女性，外加上千万元的钱！

这样的感情骗子，即使有再大的魅力，也会让人闻风丧胆，唯恐避之不及。

所以，如果从来没有人爱过你，说明你缺乏魅力；如果有太多人迷恋你，说明你太不专一。这两个极端都不好，关键还在于平衡。

那么，最合适的前任数量到底是多少呢？

特别乐意为人类幸福操心的心理学家还真研究过这个问题。美国亚利桑那大学的一位教授做过一个实验。他找来一群大学生，给了他们一些资料，这些资料上列出了一些人，每个人都拥有不同数量的性伴侣。然后，他让大学生们给这些人的吸引力打分。

结果显示，对女人来说，男人过去的性伴侣数量从0到2会使得他们显得更有魅力，但如果超过了2，就不那么受欢迎了。而对男人来说，女人过去的性伴侣数量从0到4会显得很有魅力，但超过了4个，男人们就会犯嘀咕了，他们会担心自己掌控不住她。

这个调查是美国人做的，这个数量标准自然也是符合美国人的婚恋观的。我们中国人在参考的时候要做一点调整。我个人的感觉是，不论男女，前任数量不宜超过两个。

听到这里，也许有人就会问了，我的前任数量早就超过两个了，那我该怎么办？

这一方面，说明你在情感问题的处理上确实不够成熟。很多人会用性格不合来为自己的屡屡分手辩护。但这世界上，哪里会有性格完全相合的人呢？人与人相处，特别是长期伴侣之间的相处，特别需要相互了解。这种了解对方的能力往往不是天生的，我们每个人都是以自我为中心的，这是一种本能，只有后天多学一些心理学知识，充分了解人和人性，才有可能在和谐快乐中维护一段长期关系。

另一方面，也没有必要完全将自己不堪回首的过往情感史全部抛出。过于坦白，其实会加大对方的心理负担。而对方之所以在意你的过往，并不是要掘地三尺，挖出你的隐私秘料，人家真正在乎的是你这个人到底可靠不可靠，值不值得托付终身。所以，前任数量的问题其实只是一个表象，如果你真的愿意和这个人共度余生，那么，不管他/她以前发生过什么，重要的是，此时此刻的你需要给出自己强有力的承诺，真正体现自己负责任的形象。放眼未来，才是最重要的第一选择！

04　礼物偏好差异：男人和女人为什么喜欢不一样的东西

在男女交往中，少不了要相互送礼物。送礼物对于促进亲密关系来说，是一件很重要的事。但同时，送礼也是一门大学问，万一你送的东西不对路，非但不能增强感情，反而会让别人怀疑你的品位格调。

所以，我们很有必要来谈谈男人和女人如何送礼才能让对方称心如意的话题。

送礼这种行为，可以直接追溯到人类原初之时。但当时的送礼，其实是被逼无奈的选择。我们可以设想一下，在极其恶劣的环境中，生存是第一要务，而囿于当时的生产力水平，其实是没有什么东西可以富余出来作为礼物送给别人的。只有一种情况例外，那就是，如果运气好，某个人打猎打到了很大的野兽。那个时候，没有冰箱，不懂腌制，自个吃又吃不完，怎么办？这么珍贵的、来之不易的食物，总不能眼睁睁看着它烂掉吧。

所以，最好的办法，就是把食物保存到其他人的肚子中去，这应该就是最早的礼物了。这样做，最大的好处就是不但不浪费食物，而且促进了人与人之间的互惠互助。这一次我有多余的食物，当作礼物送给你；下一次我挨饿的时候，如果正好你有多余的食物，就可以回馈给我。这样慢慢就形成了人类的群居特性，大家形成一个群体，团结互助，就更容易在艰苦环境中生存。从这一点来看，礼物在促进人际交往上的好处，直到现在依然非常大。

再来看两性交往中赠送礼物，这和一般的人际交往有所不同。

随着进化的深入，男女两性为了生存和繁衍而发展出来的对于资源的不同偏好，也体现在对礼物的不同评判标准上。

首先，送礼中普遍存在的情况是男人主动给女人送礼。男人希望通过礼物来推动亲密关系的进展。而女人一般不太会主动送男人礼物，除非双方已经明确了交往关系，女人认可接纳了男人，才会给男人送礼物。

现实中的这种情况，是符合进化心理学的。在前面的章节中，我们已经详细介绍过了，展示自己的经济实力是雄性求偶的主要手段。不论是动物，还是人，大多如此。而赠送礼物就是真实地展示经济实力的最好办法。你到底有没有钱，大方还是吝啬，从礼物的价值中就呈现出来了。所以，男人要想赢得女神的芳心，送礼物这个环节是不能少的。

其次，男女两性对于礼物的偏好是很不一样的。

一般来说，男人更喜欢一些实用的东西，而女人则更喜欢一些没有什么太大实际用途的东西。所以，女人一般会给自己的男朋友或老公送钱包、皮带、手表、打火机之类的东西，而男人则会给心爱的女人送玫瑰花、钻戒、包包之类的礼物。有个笑话说，“包”治百病，意思就是尽管女人已经有很多个包包了，但如果你继续送新款的包给她，她还是会接受的。反过来，如果一个女人送鲜花、包包给男人，或者一个男人送皮带给女人，总感觉有点怪怪的。

这种差异的出现，主要是因为男女两性站在对方立场的一种考量。男人比较直接，直奔主题，偏于实用理性，而女人对于情感需求更为敏感。由于一般是男人给女人送礼物，所以我们重点分析一下，为什么女人会喜欢鲜花、钻石这些并不实用的礼物。

礼物之所以被称为礼物，主要在于其稀缺性。一件普普通通的东西，是很难称得上礼物的。在远古时期，生存是排在第一位的。那个时候，能够填饱肚子的食物就是最好的礼物。随着人类的进步，生存的难度慢慢下降了，这个时候，人们就有一定的余力和闲情逸致将礼物升级换代了。

在伊拉克境内考古发掘的沙尼达尔洞穴中，考古学家发现了1万多年前的墓葬中有花朵的遗迹。研究人员认为，这可能是世界上最早的把花当作礼物的行为。

鲜花为什么会成为礼物呢？

从实用角度来说，鲜花中看不中用，是不能当作食物充饥的。而且，鲜花难以保存，容易枯萎。但正是鲜花的这种中看不中用的特性，才让鲜花被列入了最好的礼物候选名单。我们可以设想一下，在原初时代，男人们绝大部分的精力是要用于捕猎的。如果有这样一个男人，在捕获了足够的猎物之余，还有体力和时间去采摘一些鲜花献给自己心爱的女人，这说明了什么？

显然，这样的男人不但能力超强，而且乐意为自己的女人付出。这种付出就体现在浪费上。他浪费自己的宝贵时间和体力去采摘鲜花，一方面，这些时间不能用来创造生存价值；另一方面，这些体力就不能再用于保护自身的安全。从这两点来看，敢于付出这种代价的男人显然是很有实力、很有责任感的优质配偶。

著名的人类学家杰克·古迪在对花进行了深入研究后说，正是因为鲜花的“难以持久”以及“需要付出代价来获得”，使得鲜花不同于常见的叶片及其最终形态的果实，和珍稀的矿石、需要冒着生命危险取得的动物皮毛一样，获得了更加接近某种奢侈品的概念。

同时，从女性的角度来说，她们之所以喜欢鲜花，背后也是进化的推动。

我们知道，女性在原初社会的重要职责之一就是采集各种各样的果实。我们经常说开花结果，开花和结果这两件事是有逻辑关系的。一般你看到了鲜花盛开，往往随后就会有果实产生。所以，在女性的认知中，鲜花等于果实就成了一种条件反射，女性从而对鲜花充满了好感。随着岁月变迁，经过千百万年的累积，这种好感被深深地烙印在了女性的基因密码之中。

哈佛大学医学院的一位专家在进行了一系列实验后，确认在居室内摆放鲜花会对人体精神状态产生显著可见的正面影响，而收到鲜花这一行为也会充分激发人们内心的愉悦和幸福感。

罗格斯大学的心理学教授做的另一项实验也验证了上述结论。他选择了价格差不多的三种礼物，分别是艺术性蜡烛、一个果篮和一大束鲜花，向完全不知情的参与者们随机派发其中的一种。人们收到礼物时的面部表情随即被摄像机拍摄下来，然后进行专业分析。

几乎所有收到鲜花的人都露出了典型的“杜胥内式微笑”，这种微笑表明了他们真正发自内心的快乐。而那些收到蜡烛和果篮的人们却没有展现出如此高度一致的积极反响。鲜花的快乐影响甚至持续到了三天之后。三天之后，比起蜡烛组和果篮组，鲜花组的成员们仍表现出了更为幸福愉快的精神状态。

显然，鲜花对于人们精神状态的影响是深入基因、根深蒂固的。难怪每当到了七夕节、母亲节这些重大节日，鲜花的价格会节节上升。

再来看看钻石。钻石的成分和铅笔芯是一样的，里面都是碳原子，值不了几个钱。仅从用途来说，天然钻石最初因为其硬度很高，可以用于工业切割。但是，当极为廉价的人工钻石被发明出来后，天然钻石的这唯一的用途也被剥夺了。这基本没什么用的钻石在现代营销手段的包装下，竟然成了爱情的信物。但越是没用，越是昂贵，反而是检验求偶男性的经济实力和付出意愿的最好检测品。女人往往通过这样的检测品来排除那些爱情骗子，以找到真爱。

综合而言，男女择偶是一场进化导演下的博弈。男人想要用最快的速度，最小的付出，搞定最多的女人。而女人们也绝不会让男人轻松得逞，从而设置了种种关卡。除了要求男性赠送昂贵而又不实用的礼品之外，女人们还非常在意仪式感和体验感。结婚之前，她们往往需要一个公开的求婚仪式，这等于是让男人当众做出自己的婚姻承诺，加大他的违约风险。如果一个公开求婚的男人，事后不负责任，抛弃伴侣，就会被公众认为人品有问题、不可靠，在择偶市场上就会贬值。答应求婚之后，女人往往还需要一场场面隆重、氛围浪漫的婚礼。这无疑会加大男人的结婚成本，但这也是女人检验男人实力和诚心的最后一道测试。不这样做，怎么对得起进化千百万年的艰辛磨砺呢？

所以，在两性交往中，一般是男人给女人送礼，这个礼物往往是越没有内在价值的反而越管用。如果女人对男人说，你不用再浪费钱给我送礼物了，或者女人开始给男人送礼物了，哪怕礼物很轻，那也是天大的好消息。因为，这意味着女人真正接纳这个男人来当她的长期伴侣了。

总之，对礼物来说，醉翁之意不在酒，礼物其实不仅是礼物，还是一种信号传达。但愿男人们能够学会送礼的艺术，让自己在亲密关系中如鱼得水。

05 沟通差异：男人为什么听不懂女人的话

“误解是常态，理解是意外”，这句话用来描述男女两性在沟通上的窘状再恰当不过了。试问哪一对恩爱的情侣，敢说自己从来没吵过架？从来没有为鸡毛蒜皮的琐事吵过架？就连人类历史上最伟大的聪明人之一——苏格拉底，能言善辩，口才无敌，但也还是搞不定自己的老婆。

据说有一次，苏格拉底刚一进家门，老婆就对他破口大骂。苏格拉底不敢接茬，坐在一边默默忍受。老婆以为他竟敢对自己不理不睬，更是火冒三丈，端起脸盆，对准苏格拉底的脑袋，直接就浇下去了，苏格拉底顿时成了落汤鸡。隔壁邻居实在看不过去了，问苏格拉底：“你老婆这样不讲理，你干吗不还口？”苏格拉底不紧不慢地说：“我早就知道，一阵雷电过后必然会有一场倾盆大雨。”

智者苏格拉底用幽默化解了自己的尴尬，但现实生活中，绝大多数男人没有苏格拉底这样的涵养和智慧，于是家庭战争自然就频繁爆发了。

事实上，女人情绪多变，大多是因为男人没有听懂她的话，没有明白她真正的意思。

我们再来看一个特别有意思的“沙发事件”。

有一名女生，陪着一个小姐妹去购买要放在婚房里的沙发。她看到沙发，触景生情，觉得已经和男朋友交往七年了，两个人也应该考虑结婚了。于是就坐在沙发里自拍了一张照片，然后发给男朋友。男朋友倒还知道必须赞美，回复说：“亲爱的，你真美！”女生回复说：“我最好的小姐妹要结婚了，她把店里的最后一个沙发预定走了。”男生说：“恭喜恭喜，帮我祝贺她。”这时，女生就开始生气了。这股怒气一直延续到回家。男生一看女朋友脸色不对，连忙反省自己哪里做错了。仔细一想，今天没犯啥错啊，该赞美赞美了，该祝福祝福了，到底哪里还有漏洞呢？左思右想，觉得可能是女朋友也喜欢这个沙发。于是第二天，他就用实际行动加以弥补。他跑到家具店里，把那张沙发偷偷地买了下来，然后告诉女生晚上有惊喜。女生一阵激动，以为这个榆木疙瘩终于开窍了，看来昨天的生气起作用了，他终于要向自己求婚了。女生晚上回到家，看到拥挤的房间里硬是塞进了一个大沙发，顿时气不打一处来。男生一看，心里更加纳闷了，怎么还不满意呢？难道是嫌弃这个沙发是被别人预定过的吗？

这个典型的鸡同鸭讲的沟通故事，鲜明地展示了男女两性不同的思维模式和表达方式。当女生生气的时候，男生自认为有理：你不说我怎么知道你为什么生气？而女生则会因此更加生气：你跟我交往这么久了还不知道我为什么生气？

所以，如果不从根本上了解男女沟通差异背后的原因，恐怕爱你一万年，就会变成争吵一万年。

那么，两性之间的和谐沟通为什么会这么难呢？

我们还是要从进化心理学上来寻找根源。这其实和男人女人在原初社会的分工有关系。

千百万年前，男人的主要任务就是打猎。打猎是一项风险很大的工作，需要精神高度专注及敏锐的反应、顽强的毅力。久而久之，那些不具备这些素质的男性，要么成了猎物的口粮，要么因为打不到猎物而被饿死了。在这种残酷的自然选择中幸存下来的男人，就是基因与上述要求匹配的人。这样的男人，最突出的一个特征就是视线是直线型，高度聚焦于猎物。与之对应的是直线型的思维方式，直截了当，不迂回婉转，不拖泥带水。而女人的任务主要是在家的附近采摘野果，同时还要及时回到家里，照看孩子以及饲养的各种家禽。适应这一工作生活模式的女人，在基因中就具备了通观全局的素质，方方面面都要照顾周全。这样的女人，视线是分散型的，思维也是兼顾型的。而且，女人还要照顾幼小的孩子。孩子的大脑在没有完全发育之前，理性思维很弱，主要是感性思维。为了和孩子打交道，女人必须具备强大的共情能力，也就是感性思维能力。

不同的分工，造成了男女两性在思维模式和行为模式上的重大差异，这自然会体现在沟通上。

虽然现在已经进入了文明社会，但男人们其实还是一直在打猎，还是一直用打猎思维来观察世界，直截了当地和他人沟通。同样，女人还是居家思维，倾向于婉转地表达自己的想法。问题在于，男人现在面临的已经不是打猎的场景了，而对女人来说，居家场景依然是居家场景。难怪有人说，女人是比男人进化得更好的动物。主要原因就是，女人所处的生活场景的变动要比男人小得多。

直线思维和曲线思维之间巨大的差异，自然就造成了男女沟通不和谐的状况屡屡发生。比如，在日常生活中，男人经常上完厕所不放下马桶盖，挤牙膏总是胡乱一捏，不从底部往上挤。女人反复强调这些生活细节，要男人改正。但男人们总是答应得很好，却转头就忘，依然我行我素。为了这些琐事，女人们经常被男人们气得抓狂。

女人刚结婚时相信她们的丈夫会改变，男人结婚时相信他们的妻子永远不会变。结果他们都错了。谈恋爱的时候，对男人来说，就是打猎场景的重演，他会特别专注，把心思都放在女人身上。这个阶段，女人不太会有意见。结婚之后，对男人来说，打猎就结束了。进化的内驱力推动男人到外面再去“打猎”，现代社会把这种行为称之为“猎艳”，倒是非常贴切的。女人在谈恋爱的时候，在荷尔蒙的推动下，脑袋是发昏的，对男人是宽容的。结婚之后，女人回归居家模式，这个时候，两种模式就开始正面交锋了。所谓男人听不懂女人的话，只是这种内在基因密码博弈的外在呈现罢了。

美国宾夕法尼亚大学的一位神经心理学教授对男人和女人的大脑进行扫描后发现，男人休息时70%的脑电波活动是停止的；而女人在休息时，仍然有90%的脑电波活动在活跃地进行中。也就是说，当男人回到他认为安全的家时，他的思维能力是直线下降的，远远比不上女人。

还有一点沟通差异要特别加以说明。男人是直线思维的，他总是觉得女人的唠叨就是指望他立即去解决问题，就像沙发事件中的那个男生一样。他觉得只要把沙发买回来了，就等于解决问题了。但其实女性的絮絮叨叨，更多的是一种倾诉，一种抒发感情的方式。她其实并不是暗示男人赶快去解决问题，而只是想要用诉说来释放压力，希望男人耐心倾听她，并以此来判断男人是不是真心爱她。不搞懂这一点的男人，就会面临无论如何做也是错的困境。

男女之间的沟通差异不仅体现在亲密关系的双方之间，也体现在他们对外的沟通上。说得通俗一点，就是男女在炫耀上也存在巨大的差异。

亲密关系中的女性，往往喜欢秀恩爱，把自己和男朋友或老公的照片晒在朋友圈，赤裸裸地炫耀自己的幸福。但炫耀次数多了之后，却发现有点不对劲了，怎么总是自己在晒，而男朋友或老公却从来不晒呢？这会引发女人的不满。颜值一般的女性就会想，你是不是对我的颜值不满意，拿不出手，担心晒出去被朋友嘲笑啊？而对自己的颜值很自信的女人，则会开始抱怨对方不够关注自己，没把自己放在心上，等等。就这个炫耀差异，就够吵上几十块钱的。

但事实上，男人不愿意公开秀恩爱，还真不是女人想象中的原因。用进化心理学这面照妖镜一照，男人的小九九立马就全部曝光了。

我们要始终记得，男人是猎人出身。作为一个情感猎人，他本质上是渴望猎取更多的女人来帮助他繁衍后代的。可是在一夫一妻制的约束下，他是不可能光明正大地拥有更多伴侣的。如果其他的女人知道了他已经有女朋友或配偶的事实，就不会再将他作为可能的候选对象了。所以，一旦和伴侣秀恩爱，就会大大减少他继续猎艳的机会。但如果一个男人开始公开秀恩爱了，这反过来就说明他已经下决心拒绝外界的其他诱惑，要和这个女人共同生活了。

此外，男人也担心自己的配偶会被更强大的其他男人抢走。这在原初社会是很常见的现象。为了确保安全，男人也可能不敢为了图一时之快的秀恩爱而加大被竞争对手觊觎的可能。

所以，女性在处理男朋友不愿意秀恩爱这个分歧上，要找到真正的原因，对症下药。

总而言之，男女两性的沟通差异是客观存在的现实。不管是男人，还是女人，都不要完全按照自己的标准来妄下判断。通过这一节，我希望大家能够对对方与生俱来的沟通特性增加了解，让理解更多，误解更少。

06 出轨差异：男人和女人各自痛恨什么样的背叛

不久前，娱乐圈又发生了一起明星出轨事件。一名女明星夜不归宿，被狗仔队拍个正着，而她的老公却毫不知情。一时间，闹得沸沸扬扬。明星的出轨，因其本身具备的强大影响力，自然会引发社会公众的极大关注。

在出轨这件事上，无论是明星，还是普通人，都会对亲密关系造成极大的伤害，影响家庭的和谐。出轨可以说是两性关系中最敏感的话题。但是现在，人们的性观念比以前开放多了，传统道德舆论的约束力也不那么管用了，在我们的身边，经常可以听到、看到种种劈腿事件。

从进化心理学的角度来看，出轨其实是人类最接近动物性的行为。我们一直强调，学习进化心理学，就是要降到动物的层面去分析问题，然后回到人的层面来解决问题。那么，我们就先来讲讲，为什么出轨明明为文明社会的道德所不容，却从古至今，从未断绝，甚至有愈演愈烈的态势呢?

男人出轨，其基因动力一般在于最大化地传播基因；女人出轨，其基因动力一般在于为自己的孩子找到更好的基因。这两类出轨动机的力量是很强大的。有一本叫作《自私的基因》的书，认为人类只是承载基因的容器，人类的行为，很大程度上是基因在背后起作用。基因是自私的，基因的力量也是根深蒂固的。基因为了让自己通过人类这个载体代代相传，会驱动着人类去做对于繁殖最有利的行为。而这些行为，随着人类步入文明而被视为不符合社会道德规范。这其中就包括出轨行为。

所以，从动物性的层面，我们应该对频繁发生的出轨行为抱有一个基本的理解。但是，我们毕竟已经进化为人，不能完全按照动物的标准来做价值评判，我们也要看到出轨这种行为带来的伤害。

出轨是对伴侣的背叛，首先会对伴侣造成严重的情感打击，并引发他们的痛恨。不过，男女两性对于伴侣不同性质的出轨，痛恨的程度是不一样的。

出轨可以分为两种，一种是身体出轨，也就是和伴侣之外的异性发生性关系；另一种是情感出轨，只是在心理上接纳另外的异性，但没有发生性关系。

这两类出轨对男人和女人造成的困扰是不一样的。

心理学家找来500多名大学生做过一个实验，让他们比较两件事带给他们的痛苦程度。一件事是他们的伴侣和其他人发生了肉体关系，另一件事是他们的伴侣和其他的人产生了感情。结果80%的女性认为伴侣在感情上的背叛更让人生气，而只有40%的男性是这样认为。同时，60%的男性对于伴侣的身体背叛更为恼火，但只有不到20%的女性是这样认为。

心理学家还用生理记录仪器来测量男女两性对于伴侣出轨的反应。

当男人得知伴侣发生了身体背叛后，他每分钟的心跳立即会增加5次，相当于一口气喝下3杯高浓度的咖啡。与此同时，他的皱眉肌的收缩程度达到了8个单位。而当他的伴侣只是爱上了别的男人却没有发生性关系，他的心跳几乎没有增加，他的皱眉肌只收缩了1个单位。

女人的反应刚好相反。当她得知自己的男人爱上了别的女人，她的皱眉肌收缩了8个单位。如果她的男人和别的女人上了床，却只是逢场作戏，没有投入感情，她的皱眉肌只收缩了3个单位。

上述实验结果在美国、德国、荷兰、日本、韩国都得到了反复的验证，说明在世界范围内，男女两性在对待伴侣出轨上的不同反应具备了跨文化的普适性。

综合而言，男人更不能接受伴侣的性背叛，而女人更不能接受伴侣的感情背叛。或者说，男人相对更能接受伴侣和别的男人产生感情，但只要他们没有发生性关系，男人的痛苦程度就不会那么深。而女人相对能够接受伴侣和别的女人发生性关系，只要他们之间没有产生真正的感情，女人就不会那么难过。

为什么男人那么在乎伴侣的身体背叛，而女人却更在乎情感背叛呢？

最关键的原因在于：人类是体内受精的动物。体内受精带来了父权焦虑。男人担心伴侣和别的男人发生性关系，除了给自己戴绿帽子之外，最可怕的是伴侣可能怀上“隔壁老王”的孩子，让自己白白地帮别人抚育后代。而母亲则是确定的，女性没有母权焦虑。女人的伴侣如果和别人发生了性关系，但只要不引发资源外流，女性就没那么生气。如果她的男人和别的女人产生了感情，就有可能抛弃自己，把所有资源都给别的女人，这才是让女人最难受的。

尽管男女两性对不同的出轨形式有着不同的反应，但归根结底，他们都是很担心伴侣出轨的。这一点也是动物性的鲜明体现。很多低等动物，在挽留伴侣，阻止它们出轨方面，和人类有着惊人的相似之处。

比如，隐藏配偶就是昆虫们最常用的策略。雄黄蜂沿着雌黄蜂的气味成功追踪到雌黄蜂的栖息地之后，会立即带着雌黄蜂离开那里，以免别的雄黄蜂也会寻味而来。如果雄黄蜂动作迟缓，慢了一步，它就有可能面临着一场争夺配偶的血腥大战。雄的甲壳虫则通过释放一种气味来掩盖它的伴侣的吸引力，阻止别的雄性关注它。公蟋蟀在没事的时候，总是张牙舞爪的，但是在接近母蟋蟀时，就会很收敛，变得小心低调，以免引起别的公蟋蟀的关注，从而打搅自己的美事。

昆虫的另一个策略就是占据位置后，用身体阻止其他的雄性靠近。比如，雄水黾会紧紧抓住自己的配偶，有时候还会骑在它的身上几个小时，甚至几天，即便没有交配的时候，也不肯下来。这就是为了防止其他的雄性趁虚而入。有一种蠕虫甚至进化出了更加令人瞠目结舌的办法。它在自己的精液中分泌出一种特殊的物质，只要这些精液进入了雌性的体内，就会凝固成一个小栓子，从而阻断其他雄性的精液进入。还有一种雄苍蝇，在和雌苍蝇交配之后，整个生殖器就会脱落，留在雌苍蝇体内，堵住雌苍蝇的生殖口，彻底阻止了其他竞争者。

仔细分析一下上述案例，我们就会发现，这些策略都是雄性动物的伎俩。可见，在动物层面，往往是雄性动物担心雌性动物出轨，而雌性动物几乎不担心雄性动物出轨。这是因为，低等动物并没有进化到拥有人类情感的程度。人虽然也是动物，但和一般的动物还是很不一样的。人类这个物种，拥有独一无二的情感。出轨，不但会带来基因本能上的焦虑，也会带来情感上的伤害。

对于男性来说，他们防止配偶出轨的策略和上面列举的昆虫有很多相似之处。比如，在隐藏配偶方面，男性不会带伴侣出席有其他男性在场的聚会，不让她和其他男性说话，不让她单独外出，等等。

同时，因为人类的智慧级别更高，又发展出了更多的不同策略。比如，男人会通过释放身体信号来宣告自己对伴侣的所有权，当另一个男人走进房间的时候，他故意把伴侣搂得更紧一些；在聚会时故意和其他女人说话调情以激发伴侣的嫉妒心；会冷冷地盯着那些看着自己伴侣的其他男人，发出威胁的信号；甚至当伴侣对其他男性表现出兴趣的时候，会对她吼叫，甚至采用暴力手段，大动拳脚。

在这些防止配偶出轨的策略中，还有很独特的一类，就是对情敌的诋毁。在这方面，男女两性又表现出了很有意思的不同之处。

一般来说，女人会攻击自己的情敌作风不正，性关系混乱，这是针对男人最担心的父权不确定性展开的。一个性关系混乱，和很多男人都有交往的女人，会给男人带来最大的父权焦虑，几乎没有男人会选择这样的女人作为长期配偶。女性的这种诋毁情敌的策略在大部分时候是有效的。但唯有一种情形例外——当男人只是短期地寻欢作乐时，他并不在乎对方的贞洁与忠诚。一个水性杨花的女人也许更有利于他的一时冲动，也无须担负更大的责任。

而男人在攻击自己的情敌时，往往会冷嘲热讽对方实力不行，能力不足，这是针对女性偏好拥有更多资源的男性这一基因密码展开的。

所以，在两性关系中，无论是出轨，还是防范出轨，都和基因与进化脱不了关系。尽管我们理解这种很难抗拒的基因原力，但还是要认识到，这是属于动物层面的本能驱动。我们作为文明社会的人，还是要回到人的层面，慎重选择配偶，并努力提高修养和自控力，不要出轨，不要让出轨伤害身边的人。

07 抚育差异：为什么女人为孩子付出更多

在婚姻生活中，女性最大的委屈在于，明明自己也要上班挣钱，但回到家里，绝大部分的家务还是要自己承担。打扫卫生、洗衣服、做饭，有孩子的话还要照顾孩子。而男人回到家里，理直气壮地觉得自己忙一整天了，到家自然要好好休息一下。看看电视，打打游戏，等着老婆做饭，好像是理所当然的事情。有的男人还算不错，多少会在家务上搭一把手，但因为水平不行，往往是越帮越忙，最后还是得女人来收拾烂摊子。

这种恶性循环在中国的家庭中屡见不鲜。累得筋疲力尽的女人承受了巨大的压力，情绪很容易变得恶劣，这又会引发家庭矛盾的升级，甚至有很多恩爱情侣，因为无尽的琐事争吵而选择了离婚分手。

那么，为什么在家庭中总是女人承担得多？特别是在孩子的抚育上，女人付出得更多。

男女两性在抚育孩子上的投入差异和人类的进化密切相关。我们可以以一句俗话作为线索，来破解其中的进化之谜。这句俗话很多人听说过，当形容一个孩子特别可怜，没人关爱时，我们往往说他“姥姥不疼，舅舅不爱”。这句话可能已经流传几千年了，但始终没人去深究一下，为什么姥姥和舅舅的不关爱就能代表一个孩子无人关爱呢？爷爷、奶奶、叔叔，都去哪儿了呢？

有这样一个问题，每个孩子都有爷爷、奶奶、外公、外婆四个隔代长辈。那么，这四个人中哪一个人对孩子付出更多，更为关爱呢？

这个问题可能会问蒙很多人。进化心理学家做过一个研究，回答了这个问题。

首先，我们要解释一下遗传相关度的概念。遗传相关度就是指两个人基因相同的比例。比如，同父同母的兄弟姐妹之间的基因相同的比例是50%，所以他们的遗传相关度就是0.5。以此推理，祖父母和孙子之间，外祖父母和外孙之间的遗传相关度都是0.25。根据进化心理学的亲代投资假设，爷爷奶奶外公外婆对于同一个孙辈的孩子的投资应该是一样多的。这种投资包括金钱财物、关心呵护等。但是，心理学家的调查却发现，在这四个隔代长辈中，对孩子最关心，投入最多的是外婆，也就是姥姥，而投入最少的却是爷爷。我们把这个规律称为“外婆效应”。

我们很多人小时候都特别喜欢去外婆家，到了外婆家，好吃好玩的少不了。这个现实感觉和心理学家得出的规律是一致的。

但为什么会这样呢?

我们来看看进化心理学是如何解释的。

人类和所有的哺乳动物以及很多种昆虫一样，都是体内受精。凡是体内受精的动物，都存在着父权不确定的隐患，雄性没法百分之百地确认配偶生下的孩子一定是自己的亲骨肉。但是，每个母亲都能确认孩子是自己亲生的。在祖孙的隔代关系中，爷爷不能确认儿子是自己亲生的，儿子也不能确认自己的儿子是亲生的，这样，爷爷就更加不能确认孙子是自己的亲骨肉了。所以，在抚养孩子的资源投入上，爷爷是最不愿意毫无保留地付出的。而外婆能够确认自己的女儿是亲生的，女儿也能确认自己的孩子是亲生的，这样，外婆百分之百地能够确认外孙是自己的亲骨肉。所以，外婆就会不惜投入自己的资源与关爱。

心理学家在美国、德国、法国、希腊等国家做了抽样调查。这些地方的人大多表示，外婆是最爱自己的人，外公和奶奶居中，而爷爷是相对关爱最少的人。这个“外婆效应”就可以用来完美解释为什么“姥姥不疼，舅舅不爱”了。

正因为姥姥，也就是外婆是最疼爱孩子的人，如果连姥姥都不疼爱这个孩子了，就可以想象这个孩子有多可怜了。至于舅舅，根据同样的逻辑，心理学家的研究也得出了相同的结论，一般而言，舅舅比叔叔更疼爱他们姐妹兄弟的孩子。在中国的习俗中，舅舅的地位是非常高的，很多地方的女孩子出嫁的时候，舅舅往往扮演一个很重要的角色。

正因为父权不确定性是由体内受精导致的，所以，这也间接造成了女性在抚育后代上要付出更多。一项对鱼类和两栖动物的研究发现，大约90%的体内受精物种是由雌性动物承担大量的抚养工作。而体外受精的物种，大约70%的雄性动物比雌性动物承担更多的抚养工作。所以，从进化的角度，我们就能够理解，为什么千百年来，总是女人在家庭中付出更多了。

在女性特别依赖男性的年代，心理学家还发现了一个有趣的现象。

当一个孩子刚出生的时候，人们最关心的一个问题往往是孩子像谁。从基因概率上来说，孩子像爸爸和像妈妈的比例应该是一样的，各占50%。但如果是孩子的妈妈来回答这个问题，答案却出人意料。

心理学家从加拿大的报纸上收集了500多个刚刚为人父母的人的地址，给他们发出问卷，让他们回答孩子更像爸爸，还是更像妈妈。结果，80%以上的母亲回答说孩子更像爸爸，只有不到20%的母亲说孩子更像自己。这个结果在其他国家的调查中也得到了印证。

妈妈为什么要强调说孩子更像爸爸呢?

显然，这是为了提高父亲对自己身份的确信度。只有父亲相信孩子是他的亲骨肉，他对孩子的投资意愿才会相应增加。

体内受精这一繁衍形式，就像一只蝴蝶轻轻扇动翅膀，最终引发了一场大风暴一样，不但推动了女性承担更多的抚养任务，甚至对遗产的分配也造成了显著的影响。

研究表明，一个男性在分配遗产的时候，倾向于将全部财产留给妻子，而一个女性却倾向于将财产分配给更多的受益人。

这是为什么呢?

男性之所以愿意把财产全部留给妻子，是因为他们相信妻子会把这些资源用在他们共同的子女身上。显然，这背后还是进化这只看不见的手在起作用。女性对孩子付出更多的特性，换来了丈夫的高度信任。当然，这种情况一般发生在妻子年事已高，已经过了生育年龄的前提下。如果妻子依旧年轻貌美，那么，男人也会担心妻子寻找新的配偶，从而不能将自己的财产用在自己的孩子身上。在这样的情况下，男人会把遗产直接留给孩子，而不是妻子。

而我们知道，男人的生育能力可以保持到年纪很大的时候，女性之所以要把财产分配给更多的受益者，也是担心财产如果全部留给丈夫后，丈夫有了新的配偶，再生孩子的概率很高。一般而言，男人会更多地关注与现任配偶所生的孩子，投入更多的抚养资源。为了确保自己的孩子受益，女性会把财产分散，特别是分配给自己的娘家亲属，希望他们能够善待自己的孩子。这正好又应了前面“舅舅不爱”那句俗话，舅舅对于外甥、外甥女的关爱是非常突出的。

我们已经讲述了男女两性在很多方面的差异，也已经知道，男女两性的差异大多是进化造成的，而进化导致的最大两性差异就是“重男轻女”。但其实，长久以来，我们都没有搞清楚“重男轻女”的真相。

人类为什么会重男轻女?

在求偶竞争中，进化的基本规则是：男人以资产实力取胜，女人靠颜值吃饭。一个男人，如果没有足够的经济实力，是很难找到配偶的。而女人只要长相好，就有很大的可能找到优质伴侣。两相比较，其实男人才是弱势群体。一个家庭，为了帮助男性这个弱势群体找到配偶，只能把家里的资产投资在男人身上，而女人是无须投资的。因为资源之于生存的重要性，久而久之，这种“男重女轻”的分配资源规则，日渐对男性有利，自然就演化出了“重男轻女”的思想意识。

但是，现在的社会状况已经和原初社会大不相同了。男女两性在生理、体力上的差异日渐被科技、文化的兴盛抹平，女性的地位越来越高。如果我们还是坚持“重男轻女”的传统思想，很快就会被时代淘汰。进化的力量确实是强大的，但文化的力量也不容小视。所以，我们再也不能停留在动物层面，认为女人为孩子付出更多是理所当然的，也不应该再强调男女两性的差异了。我们必须站在人的层面、文明的层面，正视男女两性的平等，和谐共处，合理分担，共同创造美好圆满的情感世界。